全国校企合作理实一体项目式特色教材

U0180349

电工技术基础与技能

◎总主编　杨明辉
◎主　编　赵　浩　杨博轩

电子工业出版社·

Publishing House of Electronics Industry

北京·BEIJING

内 容 简 介

本书采用项目式进行编写，主要内容包括安全用电常识、直流电路的认识和测量、电磁与变压器、单相正弦交流电路、三相正弦交流电路、单相交流异步电动机的控制、三相交流异步电动机的控制等七个项目。

本书将电工技术基础理论知识和实习实训操作内容按照学生的认知规律优化整合，以项目为驱动，选取典型工作任务，充分体现产教融合，以及"做、学、教"的统一。所选任务由易到难，既贴近生产实践，又注重趣味性、实用性和可操作性，注重培养学生的动手能力，让学生在实操中巩固知识、提升能力素养。

本书可作为职业院校电子信息技术、电气设备运行与控制、机电技术应用等相关专业的教材，也可以作为相关工程技术人员的岗位培训教材。

图书在版编目（CIP）数据

电工技术基础与技能 / 杨明辉总主编；赵浩，杨博轩主编. —北京：电子工业出版社，2022.12

ISBN 978-7-121-44831-7

Ⅰ. ①电… Ⅱ. ①杨… ②赵… ③杨… Ⅲ. ①电工技术—职业教育—教材 Ⅳ. ①TM

中国国家版本馆 CIP 数据核字（2023）第 004388 号

责任编辑：张　凌
印　　刷：三河市龙林印务有限公司
装　　订：三河市龙林印务有限公司
出版发行：电子工业出版社
　　　　　北京市海淀区万寿路 173 信箱　邮编　100036
开　　本：880×1 230　1/16　印张：12.5　字数：288 千字
版　　次：2022 年 12 月第 1 版
印　　次：2023 年 8 月第 2 次印刷
定　　价：38.00 元

凡所购买电子工业出版社图书有缺损问题，请向购买书店调换。若书店售缺，请与本社发行部联系，联系及邮购电话：（010）88254888，88258888。

质量投诉请发邮件至 zlts@phei.com.cn，盗版侵权举报请发邮件至 dbqq@phei.com.cn。

本书咨询联系方式：（010）88254583，zling@phei.com.cn。

本书采用项目式进行编写，主要内容包括安全用电常识、直流电路的认识和测量、电磁与变压器、单相正弦交流电路、三相正弦交流电路、单相交流异步电动机的控制、三相交流异步电动机的控制等七个项目，所选项目均以真实的电工相关控制电路为载体。本书基于企业生产及工作过程开展教学内容，以完成项目为主要任务，理论知识以必需、够用为度融合在具体的任务中，让学生在做中学、学中做、学中用，突出对学生能力的培养。

本书最大的特点是将原来的电工技术基础理论和实习实训操作两本相对独立的教材内容按照学生的认知规律优化整合成一本教材，使理论教师与实训教师的教和学生的学与实践操作目标基本一致，真正实现了教师知道如何去教才有用，学生知道如何去学才有收获。书中每个项目包含若干任务，具体任务由任务目标、知识准备、理论学习笔记（重点难点现场记录）、知识巩固、知识拓展、学以致用（技能实训）等部分组成，每个项目任务都配有详细的 PPT 教学课件和核心知识点的微视频，特别是在具体任务实施中引入了企业生产工艺及相关标准。学生可通过基础知识和优质教学资源的学习，加深对电工基础知识的理解，通过技能实训掌握电工的基本技能。

本书在内容安排上由浅入深、循序渐进，并与初中物理的有关电学内容相衔接，增加了"简单直流电路"的内容，降低了知识学习的起点，同时还根据职业院校学生的特点，用大量的实物图、原理图、结构图、外形图等来增加学生的感性认识，图文并茂，通俗易懂。

本书由国家高层次人才特殊支持计划全国教学名师杨明辉教授担任总主编，由市级（长沙市，下同）骨干教师赵浩副教授、中联重科智能控制技术企业工程师杨博轩担任主编；由市级教学能手唐重副教授、市级电工技能大师李月虹副教授、市级骨干教师张丽平副教授、宁远县职业中专学校何泽涛校长担任副主编；由王湘雄、张贵华、张涛、何育林、张兰桂、胡雅奇、黄梅、范杜铨、覃立琼、刘加旺、彭克云参与编写。由于编写时间有限，书中难免存在疏漏之处，恳请广大读者批评指正。

编　者

项目一

安全用电常识

任务 1 安全用电

随着电能应用的不断拓展，以电能为介质的各种电气设备广泛进入企业、社会和家庭生活中，与此同时，使用电气设备所带来的不安全事故也不断发生。为了实现电气安全，对电网本身的安全进行保护的同时，更要重视用电安全的问题。因此，学习安全用电基本知识，掌握常规触电防护技术，是保证用电安全的有效途径。

任务目标

1. 了解电工实训室操作规程。
2. 掌握人体触电常识。

 知识准备

一、电工实训室操作规程

常用电工实训平台如图 1-1-1 所示，在电工实训室应遵守以下操作规程。

图 1-1-1　常用电工实训平台

（1）学生实训前必须做好准备工作，按规定的时间进入实训室，到达指定的工位，未经同意，不得私自调换。

（2）不得穿拖鞋进入实训室，不得携带食物进入实训室，不得让无关人员进入实训室，不得在室内喧哗、打闹、随意走动，不得乱摸乱动有关电气设备。

（3）室内的任何电气设备，未经验电，一般视为有电，不准用手触及，任何接、拆线都必须切断电源后方可进行。

（4）设备使用前要认真检查，如发现不安全情况，应停止使用并立即报告老师，以便及时采取措施；电气设备安装检修后，须经检验后方可使用。

（5）实践操作时，思想要高度集中，操作内容必须符合教学内容，不准做任何与实训无关的事。

（6）爱护实训工具、仪表、电气设备和公共财物，凡在实训过程中损坏仪器设备者，应主动说明原因并接受检查，填写报废单或损坏情况报告表。

（7）凡因违反操作规程或擅自动用其他仪器设备造成损坏者，由事故人做出书面检查，视情节轻重进行赔偿，并给予批评或处分。

（8）保持实训室整洁，每次实训后要清理工作场所，做好设备清洁和日常维护工作。经教师同意后方可离开。

二、人体触电常识

电气危害有两个方面：一方面是对系统自身的危害，如短路、过电压、绝缘老化等；另一方面是对用电设备、环境和人员的危害，如触电、电气火灾、电压异常升高造成用电设备损坏等，其中尤以触电和电气火灾危害最为严重。另外，静电产生的危害也不能忽视，它是电气火灾的原因之一，对电子设备的危害也很大。

1. 触电

触电俗称电击伤，当人体触及带电体，或者带电体与人体之间放电，或者电弧触及人体时，使电流通过人体进入大地或其他导体，形成导电回路，轻则引起人体组织损伤和功能障碍，重则发生心跳和呼吸骤停。超过1000V（伏）的高压电还可引起灼伤，例如，闪电损伤（雷击）。如图1-1-2所示为三种常见的触电情况。

图1-1-2 三种常见的触电情况

2. 电流对人体的伤害形式

（1）电击。电击是指当人体直接接触带电体时，电流通过人体内部，对内部组织造成的伤害。在国标GB/T 4776—2017《电气安全术语》"2.1安全概念"中定义：电击是电流通过人体或动物躯体而引起的生理效应。

电击主要伤害人体的心脏、呼吸和神经系统，因而破坏了人的正常生理活动，甚至危及生命。例如，电流经过心脏时，会使心室泵作用失调，引起心室颤动，导致血液循环停止；电流流过大脑的呼吸神经中枢时，会遏止呼吸并导致呼吸停止；电流通过胸部时，胸肌收缩，迫使呼吸停顿，引起窒息。

（2）电伤。电伤是指电流对人体外部表面造成的局部创伤，主要包括烧伤、电烙印、皮肤金属化、机械损伤和电光眼等。

① 烧伤是指电流热效应产生的电伤。通常是在带负荷拉、合隔离开关时产生的电弧对人体皮肤造成的直接烧伤，包括电流烧伤和电弧烧伤。烧伤会引起皮肤发红、起泡、组织烧焦及坏死。

② 电烙印是指电流化学效应和机械效应产生的电伤。电烙印是在人体与带电体接触良好的情况下发生的。会导致在皮肤上留有与带电体表面形状相同的肿块印痕，与好皮肤有明显的界线，且受伤皮肤发硬。

③ 皮肤金属化是指在电流作用下产生的高温电弧使电弧周围的金属熔化、蒸发并飞溅渗入皮肤表层所造成的电伤。皮肤金属化电伤会导致皮肤粗糙、硬化，并呈现一定的颜色（铅为灰黄色、紫铜为绿色、黄铜为蓝绿色）。金属化的皮肤经过一段时间后，会自行

脱落。

④ 机械损伤是指电流通过人体时产生的机械电动力效应，使肌肉发生不由自主地剧烈抽搐性收缩，致使肌腱、皮肤、血管及神经组织断裂，甚至使关节脱位或骨折。

⑤ 电光眼是指当发生弧光时，眼睛受到紫外线或红外线照射，眼睑皮肤红肿，结膜发炎，严重时角膜透明度受到破坏，瞳孔收缩，一般 4～8h 后发作。

3. 安全电压

安全电压是指为了防止触电事故而由特定电源供电所采用的电压系列。

安全电压应满足以下三个条件：①标称电压不超过交流 50V、直流 120V；②由安全隔离变压器供电；③安全电压电路与供电电路及大地隔离。

我国规定的安全电压额定值的等级为 42 V、36 V、24 V、12 V、6 V。一般环境条件下允许持续接触的"安全特低电压"是 36V。行业规定安全电压不高于 36V，持续接触安全电压为 24V，绝对安全电压为 12V，安全交流电流为 10mA。电击对人体的危害程度，主要取决于通过人体电流的大小和通电时间的长短，工频交流电对人体的影响见表 1-1-1。

表 1-1-1 工频交流电对人体的影响

电流范围（mA）	通电时间	人体生理反应
0～0.5	连续通电	没有感觉
0.5～5	连续通电	有感觉，手指手腕有刺痛感，可以摆脱电流
5～30	数分钟以内	痉挛，不能摆脱带电体，呼吸困难，血压升高
30～50	数秒到数分钟	心脏跳动不规则、昏迷、血压升高、强烈痉挛，时间过长即可引起心室颤动
50～数百	短于心脏搏动周期	受强烈冲击，但未发生心室颤动
	长于心脏搏动周期	昏迷、心室颤动，接触部位留有电流通过的痕迹
超过数百	短于心脏搏动周期	昏迷、心室颤动，接触部位留有电流通过的痕迹
	长于心脏搏动周期	心脏停止跳动、昏迷、死亡

电流强度越大，致命危险越大；持续时间越长，死亡的可能性越大。能引起人感觉到的最小电流称为感知电流，交流感知电流为 1mA，直流感知电流为 5mA；人体触电后能自己摆脱的最大电流称为摆脱电流，交流摆脱电流为 10mA，直流摆脱电流为 50mA；在较短的时间内危及生命的电流称为致命电流，交流致命电流为 50mA，直流致命电流为 100mA，如 50mA 的交流电流通过人体 1s，可足以使人致命。在有防止触电保护装置的情况下，人体允许通过的交流电流一般不能超过 30mA。

4. 人体触电的常见类型（见图 1-1-3）

（1）单相触电。当人站在地面上或其他接地体上，人体的某一部位触及一相带电体时，电流通过人体流入大地（或中性线），称为单相触电。

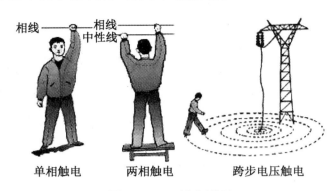

图 1-1-3　触电类型

（2）两相触电。两相触电是指人体两处同时触及同一电源的两相带电体，以及在高压系统中，人体距离高压带电体小于规定的安全距离，造成电弧放电时，电流从一相导体流入另一相导体的触电方式。两相触电加在人体上的电压为线电压，其触电的危险性最大。

（3）跨步电压触电。当带电体接地时有电流向大地流散，在以接地点为圆心，半径为20m 的圆形区域内形成分布电位。人站在接地点周围，两脚之间的电位差称为跨步电压，由此引起的触电事故称为跨步电压触电。

（4）接触电压触电。运行中的电气设备由于绝缘损坏或其他原因造成漏电，当人体触及漏电设备时，电流通过人体和大地形成回路，造成触电事故，这称为接触电压触电。

理论学习笔记

基 础 知 识

重 点 知 识

难 点 知 识

学 习 体 会

✏️ 知识拓展

安全色（safety colour）是表示安全信息的颜色（如图 1-1-4 所示，从左到右依次为红色、黄色、蓝色、绿色）。颜色常被用作为加强安全和预防事故而设置的标志。安全色要求醒目，容易识别，其作用在于迅速指示危险，或指示在安全方面有着重要意义的器材和设备的位置。安全色应该有统一的规定。

国际标准化组织建议采用红色、黄色和绿色三种颜色作为安全色，并用蓝色作为辅助色，中国国家标准 GB 2893—2008《安全色》规定红、蓝、黄、绿四种颜色为安全色。其含义和用途：①红色，表示禁止、停止，用于禁止标志、停止信号、车辆上的紧急制动手柄等；②蓝色，表示指令、必须遵守的规定，一般用于指令标志；③黄色，表示注意、警告，用于警告警戒标志、行车道中线等；④绿色，表示提示安全状态、通行，用于提示标志、行人和车辆通行标志等。

| 禁止、停止
消防和危险 | 注意、警告 | 指令、必须
遵守的规定 | 通行、安全
和提供信息 |

图 1-1-4　安全色

 知识巩固

一、填空题

1. 我国规定的安全电压和绝对安全电压分别为_____和_____。

2. 安全电压额定值的等级包括_____V、_____V、_____V、_____V、_____V。

3. 受接触电压作用而导致的触电现象称为_____触电。

4. 运行中的电气设备由于绝缘损坏或其他原因造成漏电，当人体触及漏电设备时，电流通过人体和大地形成回路，造成触电事故，_____触电。

5. 电弧是气体间隙被_____击穿时电流通过气体的一种现象。

6. _____触电的后果与人体和大地间的接触状况有关。

7. 触电方式有_____触电、_____触电、_____触电、_____触电。

二、名词解释

1. 安全电压：_____。

2. 跨步电压触电：_____。

任务 2 触电预防与触电急救

电被称为"电老虎"，看不着，摸不着，一不小心或者平时不注意用电安全，很容易发生触电事故，我国每年约有 8000 人触电死亡。那么我们应该如何预防触电呢？在生活中遇到触电情况时，应该采取什么样的急救措施，挽救触电者的生命呢？

任务目标

1. 掌握防止触电的保护措施。
2. 掌握触电的现场处理措施。

知识准备

一、触电预防

（1）没有经过专门训练，不要自己去检查或修理电路、电器；不要私自乱拉、乱接电线。

（2）应安装触电保护器，熔断丝应与电气设备匹配，不能用粗铁丝、铜线代替熔断丝。

（3）家庭配电线路宜有良好的与电线截面相同的保护接地线。

（4）水能导电，不要用湿手去摸电源插座、开关或擦拭灯泡、灯头，操作电器应在干燥的条件下进行。

（5）使用各种电器都要注意安全。使用电熨斗、电吹风、电炊具时切勿离开，离开时一定要切断电源。

（6）不要把电线直接插接在插座上。

（7）插座应避免过载。几件电器共用一个插座时，其加起来的功率应小于插座的负载功率；大功率的电器用具插头不可插在照明用的插座上，避免电流过载；空调机等应设专门的输电线路及断路器。

（8）定期检查家用电器的插头、引线。

（9）发现家用电器发生冒烟、起火，散发怪味，应立即切断电源。

（10）地上若有高压线，应站在 8m 以外或绕行，并报告电力部门检修。

预防触电的关键：不接触低压带电体，不靠近高压带电体。

二、低压电源脱离方法

人体接触 220V 或 380V 的电,都有自救的可能。1kV 及其以上电压等级的电对人体会有严重的伤害,人体没有自救的可能。发现有人触电后,应沉着冷静,不要惊慌,根据现场情况,采取有效的方法和措施,帮助触电者尽快脱离电源。

1. 拉(拉开关)

如果开关或插头就在附近,应立即拉断闸刀开关或拔掉电源插头,如图 1-2-1 所示。

图 1-2-1 拉开关

2. 切(切断电线)

如开关或插头没有在附近,应用带绝缘护套的钢丝钳剪断电源侧的电线,或用装有干燥手柄的工器具砍断电源侧的电线,如图 1-2-2 所示。

图 1-2-2 切断电线

3. 挑(挑开电线)

如果低压带电导线断落在触电人身上,应使用干燥的木棍挑开电线,注意不要将电线挑到其他人或救护人身上,如图 1-2-3 所示。

图 1-2-3 挑开电线

4. 拽（拽触电者）

救护人员应穿上胶底鞋或站在干燥木板上，戴上绝缘手套或用干燥的衣物包裹，抓住触电者干燥而不贴身的衣服将其拉开，如图 1-2-4 所示。

图 1-2-4　拽触电者

【注意】①救护人员不可用手、其他金属及潮湿的物体作为救护工具。②防止触电者脱离电源后可能的摔伤。③救护者在救护过程中要注意自身和被救者与附近带电设备之间的安全距离。

三、高压电源脱离方法

（1）通知供电部门拉闸停电，可拉开高压断路器或用绝缘操作杆拉开高压跌落式熔断器，如图 1-2-5 所示。

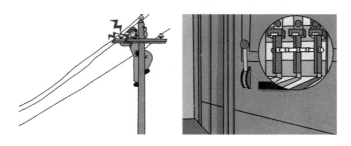

图 1-2-5　高压触电及拉闸

（2）如不能及时拉闸停电。应该用抛挂裸金属软导线的方法，人为造成短路，迫使开关跳闸。抛挂裸金属软导线时，救护人不能站在带电导线下方，以防止电弧伤人或导线断路危及人身安全，如图 1-2-6 所示。

图 1-2-6　抛挂裸金属软导线断电

理论学习笔记

基 础 知 识
_____
_____

重 点 知 识
_____
_____

难 点 知 识
_____
_____

学 习 体 会
_____
_____

 知识巩固

单选题

1. 预防触电最主要的措施是（　　　）。

   A. 安装漏电保护器

   B. 中性线接地

   C. 安装熔断器

   D. 严格遵守安全操作规程

2. 关于触电事故的预防，正确的说法是（　　　）。

   A. 加强安全用电知识的培训

   B. 不定期进行电气预防性实验

   C. 带电移动电气设备

   D. 用湿布擦拭电气设备

3. 为了预防触电事故，要从（　　　）和（　　　）两方面进行预防。

   A. 工作许可证制度；电气安全技术

   B. 电气安全管理；电气安全技术

C. 电气安全管理；保护接地

D. 监护制度；保护接地

4. 下列预防触电措施有误的是（　　　）。

A. 经常检查、维护电气设备的绝缘和壳体的安全接地，以消除触电隐患

B. 禁止带电检修设备

C. 非安全电压便携式电气设备及其电缆、插头等的绝缘容易损坏，安全接地芯线容易折断而不易觉察，使用前应全部换新

D. 必须按照操作规程及正确的操作方法对电气设备进行操作

 学以致用

【技能实训1-1】　触电急救

一、实训目的

1. 掌握触电急救操作方法。
2. 正确判断触电急救的有效性。

二、实训器材

心肺复苏模拟人。

三、实训准备

2020年8月，中国红十字会总会和教育部联合印发《关于进一步加强和改进新时代学校红十字工作的通知》，将学生健康知识、急救知识，特别是心肺复苏纳入教育内容。

心肺复苏（CPR）是针对呼吸心跳停止的急危重症触电者所采取的抢救关键措施，即胸外按压形成暂时的人工循环并恢复自主搏动，采用人工呼吸代替自主呼吸。心肺复苏的目的是开放气道、重建呼吸和循环。触电急救原则是迅速、就地、准确与坚持。对于施救顺序C—A—B—D，应先开始胸外心脏按压，再进行人工呼吸，其中C表示循环支持，即胸外心脏按压，A表示开放气道，B表示人工呼吸，D表示电除颤。

2015年10月15日，美国心脏学会（AHA）更新了《美国心脏学会CPR和ECC指南》（ECC为心血管急救），强调如何做到快速行动、合理培训、使用现代科技及团队协作来增加心脏骤停患者的生存概率。院外（医院外）、院内心脏骤停处理流程分别如图1-2-7、图1-2-8所示。

院外心脏骤停

识别和启动　　即时高质量　　快速除颤　　基础及高级　　高级生命维持和
应急反应系统　心肺复苏　　　　　　　急救医疗服务　骤停后护理

非专业施救者　　EMS急救团队　急诊室　导管室　重症监护室

图 1-2-7　院外心脏骤停处理流程

院内心脏骤停

监测和预防　　识别和启动　　即时高质量　　快速除颤　　高级生命维持和
　　　　　　　应急反应系统　心肺复苏　　　　　　　　　骤停后护理

初级急救人员　　高级生命支持团队　导管室　重症监护室

图 1-2-8　院内心脏骤停处理流程

心肺复苏（CPR）操作规程（成人版）如下。

1. 环境评估。

判断触电现场是否安全。

2. 判断意识。

现场救护人员应迅速对触电者的意识进行判断，对症抢救。

（1）用手拍打双肩并大声呼唤，判断有无反应。

（2）用"看、听、感觉"的方法判断有无呼吸，如图 1-2-9（a）所示，即将耳贴近触电人的口和鼻，头部偏向触电人胸部：一看胸部有无起伏，二听口鼻处有无呼气声，三感觉口鼻处有无气体排出。

（a）判断呼吸

（b）判断脉搏

图 1-2-9　判断呼吸与脉搏的方法

（3）用触摸法判断有无脉搏，即用手指触摸颈动脉或股动脉，如图1-2-9（b）所示。触摸颈动脉应注意：不能用力过大，防止推移颈动脉；不能同时触摸两侧颈动脉，防止头部供血中断；不要压迫气管，造成呼吸道阻塞；检查时间不要超过10s。

（4）无反应、无呼吸（或叹息样呼吸）、无脉搏，则表示触电者意识丧失，立即进行心肺复苏，同时拨打120急救电话请求支援。

3．摆放体位（复苏体位）。

心肺复苏前需要把触电者的身体摆放成适合救治的复苏体位：触电者身体必须整体转动，翻转后仰卧于地面或硬板上，头、颈、躯干呈直线，双手放于躯干两侧，解开衣物、领带等，如图1-2-10所示。

4．C—胸外心脏按压。

胸外心脏按压是帮助心搏骤停的人恢复正常心跳的抢救技术，适用于各种意外创伤（电击、溺水、急性中毒等）引起的心搏骤停。

（1）按压位置：两乳头连线中点（胸骨中下段1/3处），如图1-2-11所示。

图1-2-10　复苏体位

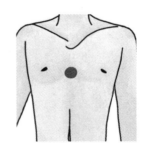

图1-2-11　按压位置

（2）按压姿势：救护者一手掌根紧贴按压部位，另一手放在按压手背上，十指相扣、手指稍翘，手指离开胸壁，伸直手臂，利用上半身身体的重量，垂直下压，如图1-2-12所示。

（3）按压力度：胸部下陷5～6cm。

（4）按压频率：100～120次/min。

（5）按压周期：30次为一周期。

（6）按压间隔：按压与放松间隔时间相等，比例为1：1。放松时手掌根放松但不离开胸壁。

5．A—开放气道。

（1）畅通呼吸道：清除口腔异物、取出假牙等。

（2）开放气道：一般采取仰头举颏法，即压前额（头后仰）＋托下颌（颈伸直）＋张口＝通畅气道，如图1-2-13所示。

图 1-2-12　按压姿势

图 1-2-13　仰头举颏法开放气道

6．B—人工呼吸。

（1）口对口人工呼吸：是向触电者的口吹气协助其呼吸的方法，如图 1-2-14 所示。具体操作方法如下。

① 自然吸一口气，双唇紧贴并张大口将触电者的口全包住进行吹气。

② 连续吹气 2 次，每次不少于 1s，间隔放松 1s。

③ 吹气完毕，立即与触电者的口部脱离，同时松开捏鼻的手指。

④ 效果判定：口对口吹气观察触电者胸廓有起伏。

（2）口对鼻人工呼吸（见图 1-2-15）：针对不能进行口对口人工呼吸的情况，如牙关紧闭、口部严重损伤或救护者不能将触电者口部完全紧密地包住等。

具体操作方法：一手按于前额，使触电者头部后仰，另一手提起下颌，并使口部闭住，救护者自然吸一口气，然后用口包住触电者的鼻部，向触电者鼻孔吹气。操作方法与口对口人工呼吸类似。

7．心肺复苏成功的指标。

（1）面色、口唇红润。

（2）颈动脉恢复搏动。

（3）自主呼吸恢复。

图 1-2-14　口对口人工呼吸

图 1-2-15　口对鼻人工呼吸

8．恢复体位。

恢复体位如图 1-2-16 所示。复苏成功后，给触电者（患者）摆放恢复体位，注意保暖，等待专业救援人员到达。

恢复体位即触电者呼吸心跳突然停止，经心肺复苏后触电者呼吸心跳恢复但神志尚未恢复，等待进一步救援时采取的安全姿势。此时触电者的情况应该是神志不清醒、呼吸循环尚稳定（对于外伤者还要求没有椎骨骨折、没有大出血等条件）。采取恢复体位最重要的意义就是防止误吸。

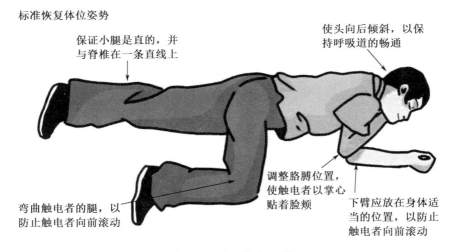

标准恢复体位姿势

保证小腿是直的，并与脊椎在一条直线上

使头向后倾斜，以保持呼吸道的畅通

调整胳膊位置，使触电者以掌心贴着脸颊

弯曲触电者的腿，以防止触电者向前滚动

下臂应放在身体适当的位置，以防止触电者向前滚动

图 1-2-16　恢复体位

四、实训步骤

1. 检查器材是否齐全。

2. 单人徒手心肺复苏术操作。

五、实训考核与评价（见表 1-2-1）

表 1-2-1　实训考核评价表

考核项目	考核要求	评分标准	配分	得分
（一）素质要求（6分）	报告内容	报告操作项目，语言流畅，态度认真，表情严肃	2	
	仪表举止	仪表大方，举止端庄	2	
	服装服饰	服装鞋帽整洁，着装符合要求，发不过肩	2	
（二）评估触电者（8分）	意识判断（8分）	（1）判断意识（此步骤开始计时）：拍打触电者肩部并大声呼唤触电者："你怎么了？能听见我说话吗？"（口述）	2	
		（2）判断呼吸：触电者胸廓无起伏，无呼吸或仅仅是叹息样呼吸（口述）	2	
		（3）判断颈动脉搏动：触电者颈动脉无搏动（口述）（注意：呼吸、脉搏的判断应在10s内完成）	2	
		（4）紧急呼救：确认触电者意识丧失，立即呼救，呼叫他人协助，拨打120急救电话（口述）	2	

考核项目	考核要求	评分标准	配分	得分
（三）操作步骤（78分）	复苏体位（6分）	（1）将触电者摆放于仰卧位，置于硬板床或平地上	2	
		（2）头、颈、躯干在同一轴线上	1	
		（3）双手放于两侧，身体无扭曲（口述）	1	
		（4）抢救者双膝跪地于触电者右侧	1	
		（5）解开衣领腰带，暴露触电者胸腹部	1	
	胸外心脏按压（16分）	（1）按压部位：两乳头连线中点（胸骨中下1/3处）	4	
		（2）按压姿势：两手掌根部重叠，手指翘起不接触胸壁，上半身前倾，两臂伸直（肘关节伸直），双肩位于双手的正上方，垂直向下用力，借助上半身的重量进行操作	4	
		（3）按压深度：胸骨下陷5～6cm（口述）	2	
		（4）按压频率：100～120次/min（口述）	4	
		（5）按压次数：连续按压30次（15～18s）	2	
	开放气道（8分）	（1）检查口腔，清除口腔异物、取出假牙（口述）	3	
		（2）判断颈部有无损伤（口述）	2	
		（3）使用仰头举颏法开放气道（口述）	3	
	人工呼吸（10分）	（1）保持触电者口部张开状态，一手拇指和食指捏住触电者鼻孔	2	
		（2）自然吸一口气，双唇紧贴并包绕触电者嘴唇吹气	2	
		（3）连续吹气2次，每次不少于1s，间隔放松1s	2	
		（4）吹气完毕，立即与触电者的口部脱离，同时松开捏鼻的手指	2	
		（5）效果判定：口对口吹气观察触电者胸廓有起伏	2	
	第2个循环（28分）	（1）按压与人工呼吸之比为30∶2，连续2个循环	16	
		（2）胸外心脏按压：按压位置、按压姿势、按压深度、按压频率	2	
		（3）开放气道：仰头举颏法	5	
		（4）人工呼吸	5	
	复苏效果（6分）	（1）面色、口唇红润	2	
		（2）颈动脉恢复搏动	2	
		（3）自主呼吸恢复	2	
	洗手、记录（4分）	（1）整理用物，洗手	2	
		（2）记录，报告操作结束（此步骤计时结束）	2	
（四）综合评价（8分）	熟练程度	符合抢救程序，操作敏捷，动作熟练	4	
	人文关怀	操作中动作不粗暴，抢救中触电者无损伤，关怀体贴触电者	4	
总　分				

知识巩固

一、单选题

1. 下列触电的急救措施中错误的是（　　　）。

   A. 火速切断电源

   B. 如触电者仍在漏电的机器上时，赶快用干燥的绝缘棉衣、棉被将触电者推拉开

   C. 未切断电源之前，用自己的手直接去拉触电者

   D. 急救者最好穿胶鞋，跳在木板上保护自身

2. 触电急救时应首先（　　　）。

   A. 使触电者脱离电源　　　　B. 切断电源

   C. 用手拉触电者　　　　　　D. 进行人工呼吸

3. 心肺复苏时，胸外按压的频率为（　　　）。

   A. 100～120 次/min　　　　B. 至少 100 次/min

   C. 至少 120 次/min　　　　D. 60～80 次/min

4. 心肺复苏时，胸外按压与人工呼吸的比为（　　　）。

   A. 30∶2　　　　　　　　　B. 15∶2

   C. 30∶1　　　　　　　　　D. 15∶1

5. 心肺复苏时，胸外按压的位置为（　　　）。

   A. 双乳头连线与胸骨交界处　　　B. 心尖部

   C. 胸骨中段　　　　　　　　　　D. 胸骨左缘第五肋间

6. 成人心肺复苏时胸外按压的深度为（　　　）。

   A. 至少胸廓前后径的一半　　　B. 至少 3cm

   C. 5～6cm　　　　　　　　　　D. 至少 6cm

7. 成人心肺复苏时打开气道的最常用方式为（　　　）。

   A. 仰头举颏法　　　　　　　B. 双手推举下颌法

   C. 托颏法　　　　　　　　　D. 环状软骨压迫法

8. 现场心肺复苏包括 C、A、B 三个步骤，其中 A 是（　　　）。

   A. 胸外心脏按压　　　　　　B. 人工呼吸

   C. 开放气道　　　　　　　　D. 拨打急救电话

9. 现场进行徒手心肺复苏时，伤病员的正确体位是（　　　）。

   A. 侧卧位　　　　　　　　　B. 仰卧在比较舒适的软床上

C. 仰卧在坚硬的平面上　　　　　　　D. 俯卧位

10. 对于心肺复苏的施救顺序，下列正确的是（　　　）。

A. C—A—B—D　　　　　　　　B. A—B—C—D

C. B—C—A—D　　　　　　　　D. C—B—A—D

二、填空题

1. 触电急救必须分秒必争，立即就地迅速用_____法进行抢救，并坚持不断地进行，同时应及早与医疗单位、机构联系。

2. 使触电者_____是紧急救护的第一步。

3. 触电急救的八字方针_____、_____、_____、_____。

4. 心肺复苏程序重大变化，2015年《美国心脏学会CPR和ECC指南》建议将成人、儿童和婴儿的心肺复苏程序从A—B—C更改为_____。

5. 心肺复苏的目的是_____、重建呼吸和循环。

三、问答题

1. 简述触电急救的方法。

2. 简述心肺复苏的有效指标。

项目二

直流电路的认识和测量

任务 1 电路的基本概念

任务目标

1. 了解电路的组成及工作状态。
2. 理解电流、电压、电位、功率的基本概念。
3. 掌握电流、电压、电位、功率的测量方法和相关计算。

知识准备

一、电路及其工作状态

1. 电路的基本组成

电路是电流所流过的路径，由电源、负载、连接导线、控制和保护装置四部分组成。最简单的电路如图 2-1-1 所示，将电池和小灯泡连接起来，形成一个简单电路，实现照明功能。

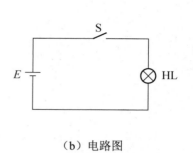

（a）实物图　　　　　　　　　　　　　　（b）电路图

图 2-1-1　简单电路

（1）电源：是一种能提供电能的装置，把其他形式的能转换成电能。

生活中常用的电源有发电机、蓄电池、干电池等，它们将机械能、化学能等转换成电能。如图 2-1-2 所示为生活中常见直流电源——干电池和蓄电池，它们将化学能等转换成电能；图 2-1-3 所示为举世闻名的三峡水电站，它将机械能转化为电能。

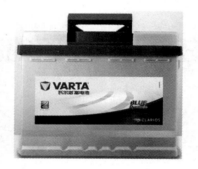

图 2-1-2　直流电源

图 2-1-3　三峡水电站

（2）负载：是消耗电能的设备或器件，其作用是把电能转化成其他形式的能。例如，灯泡、电动机、洗衣机、风扇等都是负载。

（3）导线：把电源和负载连接成闭合回路，输送和分配电能。常用的导线有铜线和铝线。

（4）控制和保护装置：对电路起控制和保护作用。图 2-1-1 所示电路中，开关是电路控制装置。常见的控制和保护装置有开关、低压断路器和熔断器等。

【应用】太阳能电池就是把光能直接转换成电能的一种半导体器件，如图 2-1-4 所示。太阳能发电安全可靠，无噪声，无污染，绿色环保，应用范围广，无机械转动部件，操作、维护简单，运行稳定可靠且使用寿命长。

图 2-1-4　太阳能电池

2. 电路的工作状态

电路的工作状态有通路、短路、断路，如图 2-1-5 所示。

（1）通路：指正常工作状态下的闭合电路，电路中有电流通过，电源向用电器输送电能，进行能量转换。

（2）断路：又称开路，是指电源与负载之间未连接成闭合回路，电路中没有电流。

（3）短路：指电源不经过负载直接被导线相连。此时电路中的电流比正常通路时的电流大很多，如果没有保护措施，电源或用电器会被烧坏，容易发生火灾。因此，电路中不允许有短路状态。

（a）通路状态　　　　　　　　（b）断路状态　　　　　　　　（c）短路状态

图 2-1-5　电路的工作状态

3. 电路图

如图 2-1-1（a）所示为简单电路的实物图，它虽然直观，但画起来很复杂，不便于分析和研究电路。在工程上，为了分析电路、研究电路，采用国家规定的电气图形符号、文字符号来表示电路连接情况的图形，称为电路图。常用电气元件符号如表 2-1-1 所示。

表 2-1-1　常用电气元件符号

名称	图形符号	名称	图形符号	名称	图形符号
电阻	▭	电感	⌒⌒⌒	电容	⊣⊢
电位器		开关		电池	⊣⊦
电灯	⊗	电流表	Ⓐ	电压表	Ⓥ
熔断器		接地		接机壳	

二、电路基本物理量

（一）电流

1. 电流的形成

电荷的定向运动形成电流。金属导体中的自由电子在电场力的作用下做定向运动，电解液中的正、负离子在电场力的作用下向着相反方向的运动都能形成电流。

2. 电流强度的定义

电流的大小即电流强度，简称电流，其值等于单位时间内通过导体任一横截面的电荷量，计算公式为

$$I = \frac{q}{t}$$

式中　q——通过导体横截面的电荷量，单位是库[仑]，符号为 C；

　　　t——通过电荷量 q 所用的时间，单位是秒，符号为 s；

　　　I——电流强度，简称电流，单位是安[培]，符号为 A。

如果在 1s 内，通过导体横截面的电荷量是 1C，则导体中的电流是 1A。

在实际生活中，安培是一个很大的单位。所以，电流的常用单位还有毫安（mA）和微安（μA），换算关系为

$$1A = 10^3 mA = 10^6 \mu A$$

【例题 2-1-1】在 30s 内，通过导体横截面的电荷量为 3.6C，求电流是多少？

解：根据电流的计算公式

$$I = \frac{q}{t} = \frac{3.6}{30} = 0.12A = 120mA$$

答：电流是 120mA。

3. 电流的方向

习惯上规定正电荷定向运动的方向为电流的方向。在金属导体中，电流方向与自由电子的运动方向相反；在电解液中，电流方向与正离子的运动方向相同。

在分析和计算复杂电路时，往往无法事先确定电路中电流的实际方向，为了便于分析电路，故引入参考方向的概念。用箭头在电路图中标明电流的参考方向。按照参考方向求解的电流值有两种可能，如图 2-1-6 所示，结果为正，则电流实际方向与所设参考方向一致；结果为负，则电流实际方向与所设参考方向相反。

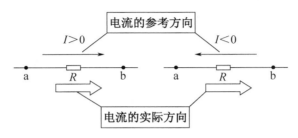

图 2-1-6　电流的方向

4. 电流的类型

（1）直流电流：大小和方向恒定不变的电流称为恒定电流（见图 2-1-7（a）），简称直流（DC），用大写字母 I 来表示。

（2）交流电流：大小和方向做周期性变化且平均值为零的时变电流称为交变电流（见图 2-1-8（b）），简称交流（AC），用小写字母 i 来表示。

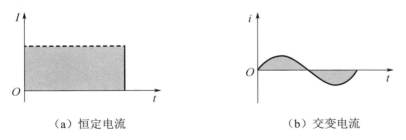

（a）恒定电流　　　　　　　　　　（b）交变电流

图 2-1-7　电流的类型

【例题 2-1-2】 如图 2-1-8 所示，已知 $I_1 = -6A$，$I_2 = 4A$，$I_3 = -3A$，请指出电流的大小和实际方向。

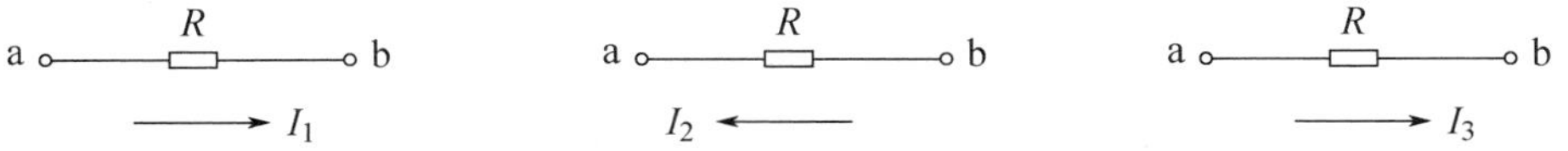

图

（a）　　　　　　　　　　　（b）　　　　　　　　　　　（c）

图 2-1-8　例题 2-1-2 图

解：（a）$I_1 < 0$，表明电流的实际方向与参考方向相反，即电流由 b 流向 a，大小为 6A；

（b）$I_2 > 0$，表明电流的实际方向与参考方向相同，即电流由 b 流向 a，大小为 4A；

（c）$I_3 < 0$，表明电流的实际方向与参考方向相反，即电流由 b 流向 a，大小为 3A。

📝 理论学习笔记

基 础 知 识
_____
_____

重 点 知 识
_____
_____

难 点 知 识
_____
_____

学 习 体 会
_____
_____

🎒 知识巩固

一、填空题

1. 电路通常有_____、_____和_____三种状态。

2. _____流通的路径称为电路，通常电路是由_____、_____、_____和_____组成。

3. 习惯上规定_____电荷定向运动的方向为电流的方向，因此，电流的方向实际上与自由电子的运动方向_____。

4. 电流分为_____和_____两大类，_____的电流称为_____，简称_____；_____的电流称为_____，简称_____。

5. 金属导体中自由电子的定向运动方向与电流方向_____。

6. 若 1min 通过导体横截面的电荷量是 1.8C，则导体中的电流是_____A。

7. 测量电流时，应将电流表_____接在电路中，使被测电流从电流表的_____接线端流进，从_____接线端流出。

二、简答题

1. 电路由哪几部分组成？它们的主要功能是什么？

2. 标出下列电气符号的名称。

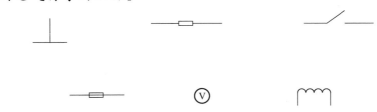

（二）电压

1. 电压的定义

电路中两点之间的电位差称为电压，用字母 U 表示，单位为伏[特]，符号为 V。如果正电荷 q 从 a 点移动到 b 点，电场力所做的功为 W_{ab}，则定义电场力将单位正电荷从电场中的一点 a 移动到另一点 b 所做的功在数值上等于 a、b 两点间的电压，用 U_{ab} 表示。a、b 两点间的电压计算公式为

$$U_{ab} = \frac{W_{ab}}{q}$$

式中　q——由 a 点移动到 b 点的电荷量，单位是库[仑]，符号为 C；

　　　W_{ab}——电场力将 q 由 a 点移动到 b 点所做的功，单位为焦[耳]，符号为 J；

　　　U_{ab}——a、b 两点间的电压，单位是伏[特]，符号为 V。

电压是衡量电场力做功本领大小的物理量。在国际单位制中，电压的常用单位还有千伏（kV）和毫伏（mV），换算关系为

$$1kV = 10^3 V = 10^6 mV$$

2. 电压的方向

规定电压的方向由高电位指向低电位，即电位降低的方向，电压的方向在电路图中可用箭头或者极性"+""−"表示，如图 2-1-9 所示。

图 2-1-9　电压的方向

在分析和计算复杂电路时，由于电压有方向，而有时事先往往无法确定电路中电压的实际方向，为了计算方便，常假设一个方向，称为参考方向。如果计算结果是正值，则电压的实际方向与参考方向一致；如果计算结果是负值，则电压的实际方向与参考方向相反。

（三）电位

1. 电位的定义

电气设备在调试和检修时，经常要测量某个点的电位，看其是否符合设计数值。电位是指电路中任一点相对于参考点的电压，用字母 V 表示，单位为伏[特]，符号为 V，如 a、b 两点的电位可分别记为 V_a、V_b。

电压就是两点间的电位差。用公式表示电压与电位的关系为

$$U_{ab} = V_a - V_b$$

2. 电位的参考点

在分析和计算电位之前，首先应选定电路中某一点为参考点，用符号"⊥"表示，并规定参考点的电位为零，因此电位参考点也被称为"地"。在实际电路中，一般以大地为零电位点，在没有接地的情况下，通常将机壳作为"地"。在电路分析中，一般选择多条导线的汇集点为"地"。一个电路只能选择一个参考点，否则无法比较各点的电位。

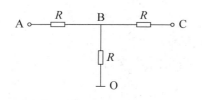

图 2-1-10　例题 2-1-3 图

【例题 2-1-3】如图 2-1-10 所示，已知以 O 点为参考点，$V_A = 10\text{V}$，$V_B = 5\text{V}$，$V_C = -5\text{V}$。求 U_{AB}、U_{BC}、U_{AC}。

【分析】关键是要明确电压与电位的关系，即 $U_{ab} = V_a - V_b$。

解：以 O 点为参考点 $V_O = 0\text{V}$

$$U_{AB} = V_A - V_B = 10 - 5 = 5\text{V}$$

$$U_{BC} = V_B - V_C = 5 - (-5) = 10\text{V}$$

$$U_{AC} = V_A - V_C = 10 - (-5) = 15\text{V}$$

（四）电源电动势

电路中要有持续的电流，就必须要有持续的电压。电源就是把其他形式的能转化为电能而在电路中产生和保持持续电压的装置。在电源内部，非电场力（电源力）使电荷在电源的正负两极间做定向运动，非电场力移动电荷要克服正负两极间的电场力做功，同时将其他形式的能转化为电能。在移动的电荷量不变时，非电场力做功越多，电源把其他形式的能转化成电能的本领就越大。

1. 电源电动势的定义

在电源内部，电源力把正电荷从低电位点（负极板）移动到高电位点（正极板）反抗电场力所做的功与被移动电荷的电荷量之比，叫作电源的电动势，如图 2-1-11 所示。用公式表示为

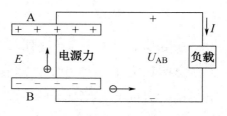

图 2-1-11　电动势

$$E = \frac{W}{q}$$

式中　W——电源力移动正电荷所做的功，单位为焦[耳]，符号为 J；

　　　q——电源力移动的电荷量，单位是库[仑]，符号为 C；

　　　E——电源电动势，单位是伏[特]，符号为 V。

2．电源电动势的方向

电源电动势的方向规定为由电源的负极（低电位点）指向正极（高电位点）。

在电源内部的电路中，非电场力（电源力）移动正电荷形成电流，电流的方向是从负极指向正极；在电源外部的电路中，电场力移动正电荷形成电流，电流方向是从电源正极流向电源负极。

 理论学习笔记

基 础 知 识
重 点 知 识
难 点 知 识
学 习 体 会

 知识巩固

填空题

1．电压是衡量_____做功能力的物理量；电动势是衡量_____能力。

2．电路中某点与_____的电压即为该点的电位，若电路中 a、b 两点的电位分别为V_a、V_b，则 a、b 两点间的电压_____；$U_{ba} =$_____。

3. 参考点的电位为_____，高于参考点的电位取___值，低于参考点的电位取___值。

4. 电源电动势的方向规定为在电源内部由_____极指向_____极。

5. 测量电压时，应将电压表和被测电路_____联，使电压表的正负接线端和被测两点的电位_____。

（五）电能与电功率

1. 电能的定义

电能是实际存在的电力所具备的能量，它是通过其他形式的能转化而来的，如通过火力发电、水力发电、风力发电、太阳能发电及各种电池将不同形式的能转化为电能等。

当电器通电后就能够运转，这些都是电流做功的表现，电流所做的功就是电功。电流做功的过程就是电能转化为其他形式的能的过程，如电流通过灯泡将电能转化为光能、热能等，电流通过电动机将电能转化为机械能等。

2. 电能的计算公式

在一段电路中，电流对导体所做的功与导体两端的电压 U 和通过导体的电流 I 及通电时间 t 成正比，其计算公式为

$$W = Uq = UIt$$

式中　U——加在导体两端的电压，单位是伏[特]，符号为 V；

　　　I——导体中的电流，单位是安[培]，符号为 A；

　　　t——通电时间，单位是秒，符号为 s；

　　　W——电能，单位是焦[耳]，符号为 J。

在实际应用中电能的另一个常用单位是千瓦时（ kW•h ），俗称度。

$$1度 = 1kW•h = 3.6 \times 10^6 J$$

对于纯电阻电路，欧姆定律（ $I = \dfrac{U}{R}$ ）成立，电能也可由下式计算

$$W = \frac{U^2}{R}t = I^2 Rt$$

3. 电功率的定义

不同的用电器在相同时间内的用电量是不同的，即电流做功快慢是不一样的。电功率是指电流在单位时间内所做的功。它是描述电流做功快慢的物理量。

4. 电功率的计算公式

$$P = \frac{W}{t}$$

式中　W——电流所做的功（即电能），单位是焦[耳]，符号为 J；

t——电流做功所用的时间，单位是秒，符号为 s；

P——电功率（简称功率），单位是瓦[特]，符号为 W。

对于线性电阻元件而言，电功率公式还可以写成

$$P = UI = \frac{U^2}{R} = I^2 R$$

【例题 2-1-4】 现有一台小型电动机，工作电压是 220V，工作电流是 1.5A，试求这台电动机正常工作 1h 所用的电能。

解： 根据题意得知

$$W = Uq = UIt = 220 \times 1.5 \times 1 \times 60 \times 60 = 1.188 \times 10^6 \, \text{J}$$

答： 这台电动机正常工作 1h 所用的电能为 $1.188 \times 10^6 \text{J}$。

【例题 2-1-5】 一台电烤炉通电时其电压为 220V，通过电炉丝的电流为 5A，试求电烤炉通电 1h 消耗的电能是多少？该电烤炉的功率是多大？

解： 根据题意得知

$$W = Uq = UIt = 220 \times 5 \times 1 \times 60 \times 60 = 3.96 \times 10^6 \, \text{J}$$

$$P = UI = 220 \times 5 = 1100 \text{W}$$

答： 这台电烤炉通电 1h 消耗的电能是 $3.96 \times 10^6 \text{J}$，该电烤炉的功率是 1100W。

 理论学习笔记

基 础 知 识

重 点 知 识

难 点 知 识

学 习 体 会

 知识巩固

填空题

1. 电流所做的功称为_____，用字母_____表示，单位是_____；电流在单位时间内所做的功，称为_____，用字母_____表示，单位是_____。

2. 电能的另一个单位是_____，它和焦耳的换算关系为_____。

3. 电气设备在额定功率下的工作状态，叫作_____工作状态，也叫_____；低于额定功率的工作状态叫_____；高于额定功率的工作状态叫_____或_____，一般不允许出现_____。

4. 在4s内供给6Ω电阻的能量为2400J，则该电阻两端的电压为_____V。

5. 若灯泡的电阻为 24Ω，通过灯泡的电流为 10mA，则灯泡在 2h 内所做的功是_____J，合_____度。

6. 一个 220V/100W 的灯泡，其额定电流为_____A，电阻为_____Ω。

（六）电阻

1. 电阻的定义

物质对带电粒子定向运动存在阻碍作用的物理量称为电阻。当金属导体两端加上电压时，金属导体中的自由电子做定向运动形成电流。自由电子在运动中与金属正离子频繁碰撞，这种碰撞阻碍了自由电子的定向运动，即对电流有阻碍作用。用电阻来描述这种阻碍作用。不仅金属有电阻，其他物体也有电阻。电阻用"R"表示，在国际单位制中电阻的单位是欧姆，简称欧，用符号 Ω 表示，常用单位还有 kΩ（千欧）和 MΩ（兆欧），它们的换算关系为

$$1M\Omega = 10^3 k\Omega = 10^6 \Omega$$

2. 电阻的表达式

在电路中，导线常被看作电阻为零的理想导体。但在实际电路中，线路电阻的存在是不容忽视的。在温度不变时，金属导体电阻的大小由导体的长度、横截面积和材料的性质等因素决定。这种关系称为电阻定律，其表达式为

$$R = \rho \frac{L}{S}$$

式中　ρ——电阻率，其值由导体材料的性质决定，单位是欧[姆]·米，符号为 Ω•m；

　　　L——导体的长度，单位是米，符号为 m；

　　　S——导体的截面积，单位是平方米，符号为 m^2；

R——导体的电阻，单位是欧[姆]，符号为 Ω。

实验表明，电阻的电阻值会随着本体温度的变化而变化，即电阻值的大小与温度有关。衡量电阻受温度影响的物理量是温度系数，其定义为温度每升高 1℃时电阻值发生变化的百分数，用 α 表示

$$\alpha = \frac{R_2 - R_1}{R_1(T_2 - T_1)}$$

式中 T 为温度，单位为℃。

三、欧姆定律

欧姆定律是电学中一个最基本的定律，它表明了电路中电流、电压和电阻三者之间的基本关系，包含部分电路欧姆定律和全电路欧姆定律。

1. 部分电路欧姆定律

不含电源的一段电路称为部分电路。流过导体的电流 I 和这段导体两端的电压 U 成正比，与电阻 R 成反比，这个结论称为部分电路欧姆定律，可以用公式表示为

$$I = \frac{U}{R}$$

电流与电压之间的正比关系可以用伏安特性曲线来表示。伏安特性曲线是以电压 U 为横坐标、以电流 I 为纵坐标画出的 U-I 关系曲线。电阻元件的伏安特性曲线如图 2-1-12 所示，伏安特性曲线是直线时，称为线性电阻，如图 2-1-12（a）所示；如果不是直线，则称为非线性电阻，如图 2-1-12（b）所示。由线性电阻组成的电路称为线性电路。欧姆定律只适用于线性电路。

（a）线性电阻　　　　　　　　　　　　　　（b）非线性电阻

图 2-1-12　电阻元件的伏安特性曲线

【例题 2-1-6】已知某灯泡两端的电压为 220V，灯泡的电阻为 110Ω，求通过灯泡的电流。

解： 由部分电路欧姆定律可得

$$I = \frac{U}{R} = \frac{220}{110} = 2A$$

答：通过灯泡的电流为2A。

【例题2-1-7】某导体两端的电压为3V，通过导体的电流为0.5A，导体的电阻有多大？当电压变为6V时，电阻有多大？此时通过导体的电流又为多少？

【分析】电阻的大小与电压无关，利用加在电阻两端的电压和通过电阻的电流，可以量度电阻的大小，但这绝不意味着电阻的大小是由电压和电流决定的。

解：由部分电路欧姆定律可得

$$R = \frac{U}{I} = \frac{3}{0.5} = 6\Omega$$

当电压变为6V时，电阻不变，$R = 6\Omega$

此时的电流为

$$I' = \frac{U'}{R} = \frac{6}{6} = 1A$$

答：导体的电阻为6Ω；当电压变为6V时，通过导体的电流为1A。

2. 全电路欧姆定律

全电路是指由电源和负载组成的闭合电路，如图2-1-13所示。E为电源电动势，r为电源内电阻，R为负载电阻。电路闭合时，电路中有电流I流过。

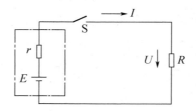

图2-1-13 全电路

全电路欧姆定律：闭合电路中的电流与电源电动势成正比，与电路的总电阻（电源内电阻与外电路总电阻之和）成反比。用公式表示为

$$I = \frac{E}{R+r}$$

式中 E——电源电动势，单位是伏[特]，符号为V；

      R——外电路总电阻（负载电阻），单位是欧[姆]，符号为Ω；

      r——电源内电阻，单位是欧[姆]，符号为Ω；

      I——闭合电路中的电流，单位是安[培]，符号为A。

外电路总电阻R（负载电阻）上的电压称为外电压，也称为路端电压（或端电压）。根据部分电路欧姆定律可知，外电压$U = E - I \times r$。内电阻r上的电压称为内电压，根据部分电路欧姆定律可知，$U_r = Ir$。

对于给定的电源，E 和 r 是不变的。由式 $I = \dfrac{E}{R+r}$ 可知，当负载电阻 $R \to \infty$ 即开路时，$I = 0$，$U = E$，即电源的电动势在数值上等于路端电压。利用这一特点，可用电压表测量电源的电动势。当负载电阻 R 变小时，电流 I 变大，内电阻上的电压变大，路端电压 U 随之变小。当负载电阻 $R = 0$ 即短路时，$I = \dfrac{E}{r}$。由于内电阻 r 一般都很小，因而电路中的电流比正常工作电流大很多，如果没有熔断器，会导致电源和导线烧毁。

电源的电动势不随外电路电阻的改变而改变，而外电路的电压却随电路中电阻的不同而发生变化。电源的端电压 U 与负载电流 I 变化的规律称为电源的外特性，电源的外特性曲线如图 2-1-14 所示。

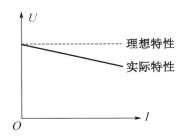

图 2-1-14　电源的外特性曲线

【例题 2-1-8】如图 2-1-15 所示的电路中，已知电源的电动势 $E = 24\text{V}$，内电阻 $r_0 = 2\Omega$，负载电阻 $R = 10\Omega$，求（1）电路中的电流；（2）电源的端电压；（3）负载电阻 R 上的电压；（4）电源内电阻上的电压降。

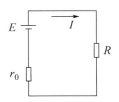

图 2-1-15　例题 2-1-8 图

解： 根据全电路欧姆定律可知

（1）$I = \dfrac{E}{R+r_0} = \dfrac{24}{10+2} = 2\text{A}$

（2）$U = E - Ir_0 = 24 - 2 \times 2 = 20\text{V}$

（3）$U = IR = 2 \times 10 = 20\text{V}$

（4）$U' = Ir_0 = 2 \times 2 = 4\text{V}$

答：（1）电路中的电流为 2A；（2）电源的端电压为 20V；（3）负载电阻 R 的电压为 20V；（4）电源内电阻上的电压降为 4V。

理论学习笔记

基 础 知 识

重 点 知 识

难 点 知 识

学 习 体 会

知识巩固

一、填空题

1. 导体中的电流与这段导体两端的_____成正比，与导体的_____成反比。

2. 闭合电路中的电流与电源的电动势成_____比，与电路的总电阻成_____比。

3. 全电路欧姆定律又可表述为：电源电动势等于_____和_____之和。

4. 电源_____随_____变化的关系称为电源的外特性。

5. 已知电炉丝的电阻是 88Ω，通过的电流是 10A，则电炉所加的电压是_____V。

6. 电源电动势 $E = 4.5\text{V}$，内电阻 $r = 0.5\Omega$，负载电阻 $R = 4\Omega$，则电路中的电流 $I =$_____A，端电压 $U =$_____V。

7. 一个电池和一个电阻组成了最简单的闭合回路。当负载电阻的阻值增加到原来的 3 倍时，电流变为原来的一半，则原来内、外电阻的阻值比为_____。

二、单选题

1. 用电压表测得电路端电压为零，这说明（　　　）。

　　A. 外电路断路　　　　　　　　　　B. 外电路短路

　　C. 外电路上电流比较小　　　　　　D. 电源内电阻为零

2. 电源电动势是2V，内电阻是0.1Ω，当外电路断路时，电路中的电流和端电压分别是（　　　）。

    A. 0、2V　　　　　B. 20A、2V　　　　　C. 20A、0　　　　　D. 0、0

3. 电源电动势是2V，内电阻是0.1Ω，当外电路短路时，电路中的电流和端电压分别是（　　　）。

    A. 20A、2V　　　　B. 20A、0　　　　　C. 0、2V　　　　　D. 0、0

学以致用

【技能实训2-1】　电压、电流、电位的测量

一、实训目的

1. 了解万用表的使用。

2. 能够用万用表测量直流电流、直流电压、电位、电阻。

二、实训器材

序　号	名　　称	符　号	规　格	数　量	备　注
1	电阻	R_1、R_3、R_4	510Ω，1W	3个	
2	电阻	R_5	330Ω，1W	1个	
3	电阻	R_2	1kΩ，0.5W	1个	
4	直流稳压电源	U_{s1}、U_{s2}	0～12V	2台	
5	接线板			1个	
6	万用表			1块	
7	连接导线			若干	

三、实训准备

（一）交流电流、直流电流的测量

1. 测量交流电流、直流电流的步骤。

以数字万用表为例，测量交流电流、直流电流的步骤如下（数字万用表如图 2-1-16 所示）。

（1）将黑表笔插入 COM 插孔，当测量最大值为 200mA 的电流时，红表笔插入 mA 插孔（图 2-1-16 所示为 mAT 插孔），当测量最大值为 10A 的电流时，红表笔插入 10A 插孔。

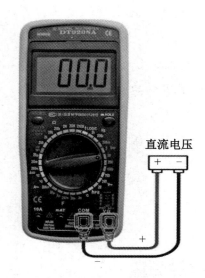

直流电压

图 2-1-16 数字万用表

（2）测交流电流时，将量程旋钮调到"A～"相应挡位，测直流电流时，将量程旋钮调到"A–"相应挡位。

（3）将测试表笔串联接入待测负载上，保持稳定，即可读数。若显示为"1."，则要加大量程，如果在数值左边出现"–"，则表明电流从黑表笔流进万用表。

（4）使用完毕，应将量程旋钮调到"OFF"挡位或交流电压最大挡位。长期不用应该取出电池。

2．操作注意事项。

（1）测直流电流时，挡位选定直流电流挡，当不确定电流范围时，应从最大量程选起。

（2）注意电流方向，即红表笔接电源正极（或高电位），黑表笔接电源负极（或低电位）。

（3）万用表要串联在所测电流的电路中。

（4）测交流电流与测直流电流的方法差不多，只是无极性限制。

（二）直流电压的测量

1．直流电压的测量步骤。

（1）红表笔插入 V/Ω 插孔，黑表笔插入 COM 插孔。

（2）测直流电压时，量程旋钮调到"V–"挡位。

（3）将红、黑表笔分别接触待测电压的两端。测直流电压，以普通电池为例，将万用表的红表笔接触电池正极和黑表笔接触电池的负极。

（4）读数，在 LED 屏上读出电压值。若显示为"1."，则说明量程太小，应拔下表笔调至更大量程重新重复上述步骤。测直流电压时若出现负值，则表示红表笔接到了电池负极，黑表笔接到了正极。

（5）使用完毕，应将量程旋钮调到"OFF"挡位或交流电压最大挡位，长期不用应该取出电池。

2．操作注意事项。

（1）测直流电压时，挡位选定直流电压挡，当不知电压范围时，应从最大量程选起。

（2）注意电压极性，即红表笔接高电位，黑表笔接低电位。

（3）万用表要并联在所测电路或元器件的两端。

四、实训步骤

1．按图 2-1-17 所示电路，将电源、电阻用导线连接好。

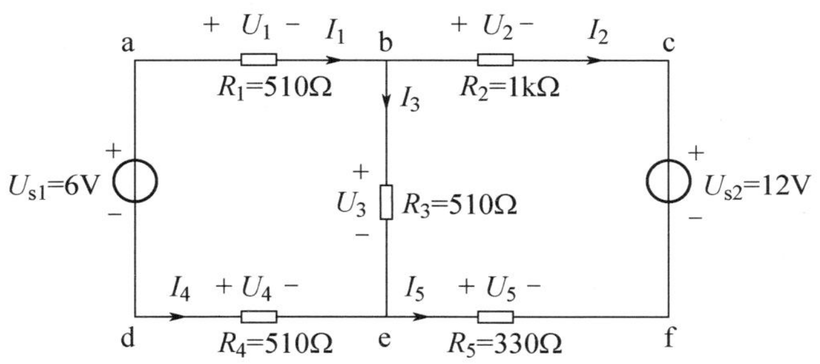

图 2-1-17　实训电路图

2. 用万用表测量电阻的阻值并填入表 2-1-2 中。

表 2-1-2　实训记录

电　阻	R_1	R_2	R_3	R_4	R_5
色环读数值（Ω）					
实际测量值（Ω）					

3. 用万用表测量各元件上的电流 I_1、I_2、I_3，填入表 2-1-3 中。

表 2-1-3　实训记录

元件电流	I_1	I_2	I_3
测量值（A）			

4. 用万用表测量电压和电位值，填入表 2-1-4 中。

表 2-1-4　实训记录

电位参考点	电压、电位	V_a	V_b	V_c	V_d	V_e	V_f	U_{ab}	U_{bc}	U_{cd}	U_{de}	U_{ef}	U_{fa}
a 点	测量值（V）												
b 点	测量值（V）												

五、实训考核评价（见表 2-1-5）

表 2-1-5　实训考核评价表

考核项目	考核要求	评分标准	配分	得分
（一）电路搭建	操作准确无误	操作方法正确（10 分）	10	
（二）电阻识别	判断无误	操作方法正确（10 分）；测量结果准确（10 分）	20	
（三）电流测量	操作准确无误；实训报告准确	操作方法正确（10 分）；测量结果准确（10 分）	20	

续表

考核项目	考核要求	评分标准	配分	得分
（四）电压测量	操作准确无误；实训报告准确	操作方法正确（10分）；测量结果准确（10分）	20	
（五）电位测量	操作准确无误；实训报告准确	操作方法正确（10分）；测量结果准确（10分）	20	
（六）各种工具维护	使用后完好无损	正确使用工具，用后完好无损（5分）；无事故发生（5分）	10	
总　　分				

 学以致用

【技能实训2-2】　伏安法测电阻

一、实训目的

1．掌握直流电压表和电流表的使用方法。

2．能够用直流电压表和电流表正确测量电阻阻值。

二、实训器材

序　号	名　称	符　号	规　格	数　量	备　注
1	电阻	R	10Ω，1W	1个	
2	直流电压表	Ⓥ	量程10V	1块	或万用表
3	直流电流表	Ⓐ	量程1A	1块	或万用表
4	直流稳压电源	U_{s1}	0～10V	1台	
5	单刀双掷开关	S	不限	2个	
6	接线板			1个	
7	连接导线			若干	

三、实训准备

由部分电路欧姆定律 $I = \dfrac{U}{R}$ 测出电阻两端的电压和流过电阻的电流，即可以求出待测电阻的阻值。

四、实训步骤

1．按图2-1-18所示电路，将电源、电阻、电压表、电流表、开关、用导线连接好；电压表要并接在待测电阻两端，电流表要串接到电路中。注意直流电压表的"+""−"极

性，不能接错。

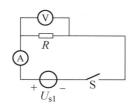

图 2-1-18　实训电路图

2．接线后经检查无误方可闭合开关 S，将电压表、电流表的读数填入表 2-1-6 中，可多测量几次，用求平均值的方法，计算出电阻的平均值。改变电源电压的数值，重做上述实训，将测量结果填入表 2-1-7 中。

表 2-1-6　实训记录

物理量	测量数据			
	1	2	3	平均值
电压 U（V）				
电流 I（A）				
电阻 R（Ω）				

表 2-1-7　实训记录

物理量	测量数据			
	1	2	3	平均值
电压 U（V）				
电流 I（A）				
电阻 R（Ω）				

五、实训考核评价（见表 2-1-8）

表 2-1-8　实训考核评价表

考核项目	考核要求	评分标准	配分	得分
（一）电路搭建	操作准确无误	操作方法正确（10分）	10	
（二）电阻识别	判断无误	操作方法正确（10分）；测量结果准确（10分）	20	
（三）电流测量	操作准确无误；实训报告准确	操作方法正确（10分）；测量结果准确（10分）	20	
（四）电压测量	操作准确无误；实训报告准确	操作方法正确（10分）；测量结果准确（10分）	20	

考核项目	考核要求	评分标准	配分	得分
（五）电阻计算	操作准确无误；实训报告准确	操作方法正确（10分）；测量结果准确（10分）	20	
（六）各种工具维护	使用后完好无损	正确使用工具，用后完好无损（5分）；无事故发生（5分）	10	
总　分				

任务 2　直流电路分析

直流电路是由直流电源（提供电能）、直流元件组成的电路，它是分析、研究电路的基础。本任务将结合前面所学的电路基本知识，介绍电路分析的基本定律及方法。

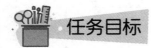
任务目标

1. 了解直流电路的连接方式及简单直流电路的分析。

2. 掌握电阻串、并联电路的特点，理解分压、分流公式；掌握基尔霍夫定律，能正确熟练地列出节点电流方程和回路电压方程。

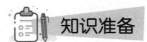
知识准备

一、电阻串联电路

1. 电阻串联电路的定义

电阻串联电路是把几个电阻依次连接起来，组成中间无分支的电路。如图 2-2-1（a）所示为三个电阻组成的串联电路。

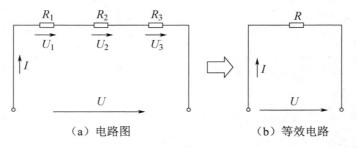

（a）电路图　　　　　　　　　（b）等效电路

图 2-2-1　电阻串联电路

2. 电阻串联电路的特点

（1）电流特点：串联电路电流处处相等。

当 n 个电阻串联时，则

$$I_1 = I_2 = I_3 = \cdots = I_n$$

（2）电压特点：电路两端的总电压等于串联电阻上各分电压之和。

当 n 个电阻串联时，则

$$U = U_1 + U_2 + U_3 + \cdots + U_n$$

（3）电阻特点：电路的总电阻等于各串联电阻之和。

电路的总电阻 R 叫作 R_1、R_2、R_3 串联的等效电阻，其意义是用 R 代替 R_1、R_2、R_3 后，不影响电路的电流和电压。如图 2-2-1（b）所示电路是图 2-2-1（a）所示电路的等效电路。

当 n 个电阻串联时，则

$$R = R_1 + R_2 + R_3 + \cdots + R_n$$

（4）功率特点：串联电阻电路的总功率等于各电阻的分功率之和。

当 n 个电阻串联时，则

$$P = P_1 + P_2 + P_3 + \cdots + P_n$$

（5）串联电路中的电压分配：串联电路中各电阻两端的电压与各电阻的阻值成正比。

因为

$$I = I_1 = I_2 = \cdots = I_n$$

所以

$$I = \frac{U_1}{R_1} = \frac{U_2}{R_2} = \cdots = \frac{U_n}{R_n}$$

（6）串联电路中的功率分配：串联电路中各电阻消耗的功率与各电阻的阻值成正比。

因为

$$I = I_1 = I_2 = \cdots = I_n$$

所以

$$I^2 = \frac{P_1}{R_1} = \frac{P_2}{R_2} = \cdots = \frac{P_n}{R_n}$$

3. 电阻串联电路的应用

（1）分压器（利用电阻串联电路的分压原理）。

（2）扩大电压表的量程。

【例题 2-2-1】三个电阻 $R_1 = 300\Omega$，$R_2 = 200\Omega$，$R_3 = 100\Omega$，串联后接到 $U = 6\text{V}$ 的直流电源上。求（1）电路中的电流；（2）各电阻上的电压降。

解：（1）根据电阻串联电路的电阻特点：电路的总电阻等于各串联电阻之和

所以 $R = R_1 + R_2 + R_3 = 300 + 200 + 100 = 600\Omega$

根据欧姆定律 $I = \dfrac{U}{R} = \dfrac{6}{600} = 0.01\text{A}$

由于电阻串联电路中电流处处相等，所以 $I = I_1 = I_2 = I_3 = 0.01\text{A}$

（2）根据欧姆定律，得

$$U_1 = IR_1 = 0.01 \times 300 = 3V$$
$$U_2 = IR_2 = 0.01 \times 200 = 2V$$
$$U_3 = IR_3 = 0.01 \times 100 = 1V$$

答：电路中的电流为 0.01A；各电阻上的电压降分别为 3V、2V、1V。

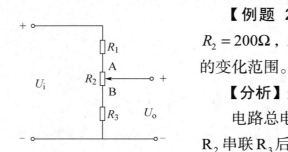

图 2-2-2　例题 2-2-2 图

【例题 2-2-2】在图 2-2-2 所示电路中，$R_1 = 100\Omega$，$R_2 = 200\Omega$，$R_3 = 300\Omega$，输入电压 $U_i = 12V$，试求输出电压 U_o 的变化范围。

【分析】这是一个电压在一定范围内连续可调的分压器。

电路总电阻 $R = R_1 + R_2 + R_3$。当触点在 A 处，输出电压是 R_2 串联 R_3 后两端的电压；当触点在 B 处，输出电压是 R_3 两端的电压。

解：触点在 A 处，由分压公式得

$$U_o = \frac{R_2 + R_3}{R_1 + R_2 + R_3}U_i = \frac{200 + 300}{100 + 200 + 300} \times 12 = 10V$$

触点在 B 处，由分压公式得

$$U_o = \frac{R_3}{R_1 + R_2 + R_3}U_i = \frac{300}{100 + 200 + 300} \times 12 = 6V$$

答：输出电压 U_o 的变化范围是 6～10V。

二、电阻并联电路

1. 电阻并联电路的定义

电阻并联电路是把两个或两个以上的电阻接到电路中的两点之间，电阻两端承受同一个电压的电路，如图 2-2-3（a）所示。

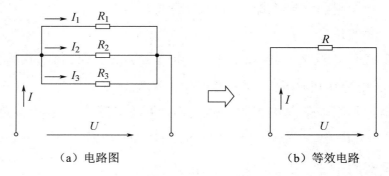

（a）电路图　　　　　　　　　　　（b）等效电路

图 2-2-3　电阻并联电路

2. 电阻并联电路的特点

（1）电压特点：并联电路电阻两端电压处处相等。

当 n 个电阻并联时，则

$$U_1 = U_2 = U_3 = \cdots = U_n$$

（2）电流特点：并联电路的总电流等于通过各电阻的分电流之和。即

当 n 个电阻并联时，则

$$I = I_1 + I_2 + I_3 + \cdots + I_n$$

（3）电阻特点：并联电路总电阻的倒数等于各电阻的倒数之和。

并联电路的总电阻 R 叫作 R_1、R_2、R_3 并联的等效电阻，其意义是用 R 代替 R_1、R_2、R_3 后，不影响电路的电流和电压。如图 2-2-3（b）所示电路是图 2-2-3（a）所示电路的等效电路。

当 n 个电阻并联时，则

$$\frac{1}{R} = \frac{1}{R_1} + \frac{1}{R_2} + \frac{1}{R_3} + \cdots + \frac{1}{R_n}$$

（4）功率特点：并联电阻电路的总功率等于各电阻的分功率之和。

当 n 个电阻并联时，则

$$P = P_1 + P_2 + P_3 + \cdots + P_n$$

（5）并联电路中的电流分配：并联电路中流过各电阻的电流与各电阻的阻值成反比。

因为

$$U = U_1 = U_2 = U_3 = \cdots = U_n$$

所以

$$U = R_1 I_1 = R_2 I_2 = R_3 I_3 = \cdots = R_n I_n$$

（6）并联电路中的功率分配：并联电路中各电阻消耗的功率与各电阻的阻值成反比。

因为

$$U = U_1 = U_2 = U_3 = \cdots = U_n$$

所以

$$U^2 = R_1 P_1 = R_2 P_2 = R_3 P_3 = \cdots = R_n P_n$$

3. 电阻并联电路的应用

（1）照明电路中的用电器供电。

（2）扩大电流表的量程。

【例题 2-2-3】如图 2-2-4 所示，电源供电电压 $U = 220\text{V}$，每根输电导线的电阻均为 $R_1 = 1\Omega$，电路中一共并联 100 盏额定电压为 220V、功率为 40W 的电灯。假设电灯正常发光时电阻值为常数。试求（1）当只有 10 盏电灯工作时，每盏电灯的电压 U_L 和功率 P_L；（2）当 100 盏电灯全部工作时，每盏电灯的电压 U_L 和功率 P_L。

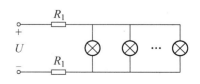

图 2-2-4　电阻并联电路

解：每盏电灯的电阻为 $R = \dfrac{U^2}{P} = \dfrac{220^2}{40} = 1210\Omega$

n 盏电灯并联后的等效电阻为 $R_n = \dfrac{R}{n}$

根据分压公式，可得每盏电灯的电压为

$$U_{\mathrm{L}} = \frac{R_n}{2R_1 + R_n} U$$

每盏电灯的功率为

$$P_{\mathrm{L}} = \frac{U_{\mathrm{L}}^2}{R}$$

（1）当只有 10 盏电灯工作时，即 $n = 10$，则 $R_n = \dfrac{R}{n} = \dfrac{1210}{10} = 121\Omega$，因此

$$U_{\mathrm{L}} = \frac{R_n}{2R_1 + R_n} U \approx 216\mathrm{V}, \quad P_{\mathrm{L}} = \frac{U_{\mathrm{L}}^2}{R} \approx 39\mathrm{W}$$

（2）当 100 盏电灯全部工作时，即 $n = 100$，则 $R_n = \dfrac{R}{n} = \dfrac{1210}{100} = 12.1\Omega$，因此

$$U_{\mathrm{L}} = \frac{R_n}{2R_1 + R_n} U \approx 189\mathrm{V}, \quad P_{\mathrm{L}} = \frac{U_{\mathrm{L}}^2}{R} \approx 29\mathrm{W}$$

理论学习笔记

基 础 知 识

重 点 知 识

难 点 知 识

学 习 体 会

知识巩固

一、填空题

1. 把多个元件_____地连接起来，由_____供电，就组成了并联电路。

2. 电阻并联可以获得阻值_____的电阻，还可以扩大电表测量_____的量程。

3. 有两个电阻，当把它们串联起来时总电阻是 10Ω，当把它们并联起来时总电阻是 2.5Ω，这两个电阻分别为_____Ω 和_____Ω。

4. 两个电阻 R_1 和 R_2，已知 $R_1 : R_2 = 1 : 2$。若它们在电路中并联，则两电阻上的电压比 $U_1 : U_2 =$_____；两电阻上的电流比 $I_1 : I_2 =$_____；它们消耗的功率比 $P_1 : P_2 =$_____。

5. 两个并联电阻，其中 $R_1 = 200Ω$，通过 R_1 的电流 $I_1 = 0.2A$，通过整个并联电路的电流 $I = 0.6A$，则 $R_2 =$_____Ω，通过 R_2 的电流 $I_2 =$_____A。

6. 当用电器的额定电流比单个电池允许通过的最大电流大时，可采用_____电池组供电，但这时用电器的额定电压必须_____单个电池的电动势。

二、单选题

1. 已知 $R_1 > R_2 > R_3$，若将这三个电阻并联接在电压为 U 的电源上，获得最大功率的电阻将是 (   )。

    A. R_1 B. R_2 C. R_3

2. 标明 100Ω/16W 和 100Ω/25W 的两个电阻并联时两端允许加的最大电压是 (   ) V。

    A. 40   B. 50   C. 90

三、基尔霍夫定律及应用

不能用串联、并联分析方法化简成无分支的单回路的电路，称为复杂电路，如图 2-2-5 所示。复杂电路可用基尔霍夫定律分析。

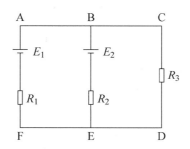

图 2-2-5 复杂电路

1. 复杂电路的有关名词

（1）支路：电路中流过同一电流的每一个分支叫作支路。如图 2-2-5 所示，E_1、R_1 构成一条支路，E_2、R_2 构成一条支路，R_3 是另一条支路。

流过支路的电流称为支路电流。含有电源的支路叫作含源支路，不含电源的支路叫作无源支路。

（2）节点：三条或三条以上的支路的连接点叫作节点。如图 2-2-5 所示的 B、E 两点。

（3）回路：电路中任意一个闭合路径叫作回路。如图 2-2-5 所示，有 ABCDEFA 回路、ABEFA 回路和 BCDEB 回路。

（4）网孔：中间无支路穿过的回路叫作网孔，如图 2-2-5 所示的 ABEFA 回路、BCDEB 回路都是网孔。

2. 基尔霍夫第一定律——节点电流定律（KCL）

基尔霍夫第一定律又称节点电流定律或基尔霍夫电流定律（KCL，Kirchhoff's Current Law）。基尔霍夫第一定律指出：在任一瞬间通过电路中任一节点的电流代数和恒等于零。即 $\sum i(t) = 0$。在直流电路中，写作

$$\sum I = 0$$

如图 2-2-6 所示，可列出节点 a 的电流方程为

$$I_1 - I_2 - I_3 + I_4 - I_5 = 0 \qquad ①$$

对①式进行变形可得

$$I_1 + I_4 = I_2 + I_3 + I_5 \qquad ②$$

对②式加以分析可以看出

$$\sum I_入 = \sum I_出$$

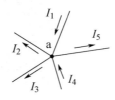

图 2-2-6　基尔霍夫第一定律

因此基尔霍夫第一定律的内容也可表述为：在任一时刻，对电路中的任一节点，流入节点的电流之和等于流出节点的电流之和。

基尔霍夫第一定律可推广用于任何一个假想的闭合面 S，S 称为广义节点，如图 2-2-7 所示。通过广义节点的各支路电流的代数和恒等于零。

在图 2-2-7（a）中，电阻 R_3、R_4、R_5 构成广义节点，广义节点的电流方程为

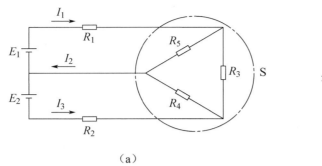 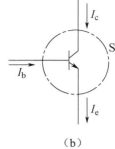

（a） （b）

图 2-2-7　广义节点

$$I_1 + I_3 - I_2 = 0$$

在图 2-2-7（b）中，三极管的三个电极构成广义节点，其节点电流方程为

$$I_c + I_b - I_e = 0$$

【注意】

① 基尔霍夫第一定律是电荷守恒和电流连续性原理在电路中任意节点处的反映。

② 基尔霍夫第一定律是对支路电流加的约束，与支路上接的是什么元件无关，与电路是线性还是非线性无关。

③ 基尔霍夫第一定律方程是按照电流参考方向列写的，与电流实际方向无关。

3. 基尔霍夫第二定律——回路电压定律（KVL）

基尔霍夫第二定律又称回路电压定律或基尔霍夫电压定律（KVL，Kirchhoff's Voltage Law）。基尔霍夫第二定律指出：在任一时刻，对任一闭合回路，沿回路绕行方向上的各段电压代数和为零，其数学表达式为

$$\sum u(t) = 0$$

在直流电路中，表述为

$$\sum U = 0$$

如图 2-2-8 所示，对于回路 ABCDA 列写回路电压方程。

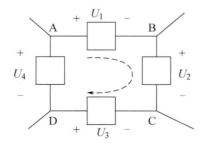

图 2-2-8　基尔霍夫第二定律应用

（1）标定各元件电压参考方向。

（2）选定回路绕行方向，顺时针或逆时针。

对图中回路列 KVL 方程为

$$U_1 + U_2 + (-U_3) + (-U_4) = 0$$

需要指出：在列写回路电压方程时，首先要标定电压参考方向，其次为回路选取一个"绕行方向"。通常规定，对**参考方向与回路"绕行方向"相同的电压取正号，对参考方向与回路"绕行方向"相反的电压取负号**。

【注意】

① 基尔霍夫第二定律的实质反映了电路遵从能量守恒定律。

② 基尔霍夫第二定律是对回路电压加的约束，与回路各支路上接的是什么元件无关，与电路是线性还是非线性无关。

③ 基尔霍夫第二定律方程是按照电压参考方向列写的，与电压实际方向无关。

【例题 2-2-4】如图 2-2-9 所示为一电路的一部分。则 $I_1 =$ _____；$I_2 =$ _____。

解：根据基尔霍夫第一定律对节点 A 列电流方程

$$I_1 = 3 + 10 + 5 = 18A$$

根据基尔霍夫第一定律对节点 B 列电流方程

$$I_2 + 5 = 10 + 2，得 I_2 = 7A$$

【例题 2-2-5】如图 2-2-10 所示，$E =$ _____V。

解：根据基尔霍夫第二定律列回路电压方程为

$$2 - 3 - E - (-2) + 3 = 0，得 E = 4V$$

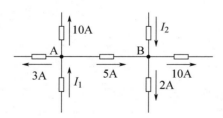

图 2-2-9　例题 2-2-4 图

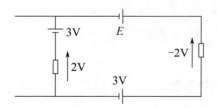

图 2-2-10　例题 2-2-5 图

 知识巩固

一、填空题

1. 基尔霍夫第一定律又叫_____。

2. 基尔霍夫第二定律又叫_____。

3. 基尔霍夫第一定律：在任一时刻，对电路中的任一节点，流入节点的电流之和等于_____。

4. 基尔霍夫第二定律：在任一时刻，对任一闭合回路，沿回路绕行方向上的各段电压代数和_____。

5. 基尔霍夫第一定律适用于_____。

二、单选题

1. 基尔霍夫第一定律应用于直流电路中，下列各式正确的是（　　　）。

   A. $\sum I_入 \neq \sum I_出$　　　　　　B. $\sum I_入 + \sum I_出 = 0$

   C. $\sum I = 0$　　　　　　　　　　　D. $\sum I \neq 0$

2. 应用基尔霍夫第一定律 $\sum I = 0$ 列方程时，其中 I 的符号规定（　　　）。

   A. 流入节点的电流为正

   B. 流出节点的电流为正

   C. 与实际电流方向一致取正

   D. 只有在正方向选定时，电流才有正负值之分

3. 基尔霍夫电压定律适用于（　　　）。

   A. 节点　　　　　B. 封闭面　　　　　C. 闭合回路　　　　D. 假定闭合回路

4. 关于 KVL 定律，下列表述正确的是（　　　）。

   A. $\sum E + \sum IR = 0$　　　　　　B. $\sum E = \sum U$

   C. $\sum E = \sum IZ$　　　　　　　　D. $\sum U = 0$

学以致用

【技能实训 2-3】　验证基尔霍夫定律

一、实训目的

1. 验证基尔霍夫定律。

2. 通过实训加深对参考方向的理解。

二、实训器材

序　号	名　称	符　号	规　格	数　量	备　注
1	电阻	R_1	510Ω，0.5W	1个	
2	电阻	R_2	1kΩ，1W	1个	
3	电阻	R_3	300Ω，0.5W	1个	
4	直流电压表	Ⓥ	量程 30V	1块	或万用表
5	直流电流表	Ⓐ	量程 30mA	3块	或万用表

续表

序 号	名 称	符 号	规 格	数 量	备 注
6	直流稳压电源	U_{s1}、U_{s2}	0～30V，1A	2 台	
7	单刀双掷开关	S_1、S_2	不限	2 个	
8	接线板			1 个	
9	连接导线			若干	

三、实训准备

根据基尔霍夫第一定律，在任一时刻，流过电路中任一节点的电流代数和恒等于零，即

$$\sum I = 0$$

根据基尔霍夫第二定律，在任一时刻，对任一闭合回路，沿回路绕行方向上的各段电压代数和为零，即

$$\sum U = 0$$

四、实训步骤

1. 按图 2-2-11 所示连接好电路图。将 U_{s1} 调至 6V，U_{s2} 调至 12V，检查无误后接通电源。

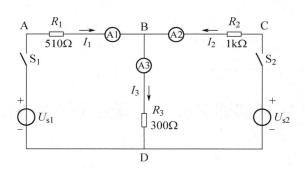

图 2-2-11　实训电路图

2. 将电流表的读数填入表 2-2-1 中。

表 2-2-1　实训记录

电源电压	电流（A）		
	I_1	I_2	I_3
$U_{s1} = 6\text{V}$，$U_{s2} = 12\text{V}$			
$U_{s1} = 10\text{V}$，$U_{s2} = 20\text{V}$			

3. 用电压表分别测出 AB、BC、CD、DA、DB 段的电压，填入表 2-2-2 中。

表 2-2-2　实训记录

电源电压	电压（V）				
	U_{AB}	U_{BC}	U_{CD}	U_{DA}	U_{DB}
$U_{s1}=6V$，$U_{s2}=12V$					
$U_{s1}=10V$，$U_{s2}=20V$					

4．将 U_{s1} 调至 10V，U_{s2} 调至 20V，重做上述实训，并记录测量数据。

5．思考。

（1）根据表 2-2-1 数据，计算汇于节点 B、节点 D 的电流是否满足基尔霍夫第一定律？

（2）根据表 2-2-2 数据，计算两个网孔各段电压是否满足基尔霍夫第二定律？

（3）试说明应用基尔霍夫定律解题时，支路电流出现负值的含义及其原因。

五、实训考核评价（见表 2-2-3）

表 2-2-3　实训考核评价表

考核项目	考核要求	评分标准	配分	得分
（一）电路搭建	操作准确无误	操作方法正确 15 分	15	
（二）电阻识别	判断无误	操作方法正确（10 分）；测量结果准确（10 分）	20	
（三）电流测量	操作准确无误；实训报告准确	操作方法正确（10 分）；测量结果准确（10 分）	20	
（四）电压测量	操作准确无误；实训报告准确	操作方法正确（10 分）；测量结果准确（10 分）	20	
（五）各种工具维护	使用后完好无损	正确使用工具，用后完好无损（10 分）；无事故发生（15 分）	25	
总　　分				

电磁与变压器

任务 1 磁场的认知

> 本任务内容是在初中物理的基础上，进一步对磁场基础知识、电流的磁效应、通电导体的磁场方向进行探索与认知，这些知识是电磁学的重要组成部分，也是学习后续知识（电磁感应、变压器）的基础。

 任务目标

1. 掌握磁场的基本物理量。
2. 理解电生磁现象，会用右手螺旋定则判定通电导体产生的磁场方向。

 知识准备

一、磁场的基本物理量

1. 磁场与磁力线

（1）磁场：磁体周围存在磁力作用的空间即磁场。磁场看不见，但客观存在。

电荷之间的相互作用是通过电场产生的；磁极之间的作用力是通过磁极周围的磁场传

递的。电场和磁场一样都是一种物质。条形磁铁的磁场如图 3-1-1 所示。

正如电场中可以利用电力线来形象地描绘各点的电场方向一样，在磁场中可以利用磁力线来形象地描绘各点的磁场方向。

（2）磁力线：为了形象地描绘磁场，人为地在磁场中画出一系列有方向性的曲线，曲线上任意一点的切线方向就是该点的磁场方向（小磁针在该点时，北极所指的方向）。条形磁铁的磁力线如图 3-1-2 所示。

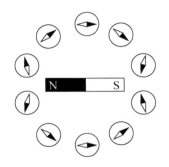

图 3-1-1　条形磁铁的磁场

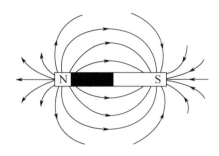

图 3-1-2　条形磁铁的磁力线

磁力线的特性：

① 磁场的强弱可用磁力线的疏密来表示。磁力线密的地方磁场强，疏的地方磁场弱。

② 在磁铁外部，磁力线从 N 极指向 S 极；在磁铁内部，磁力线从 S 极指向 N 极。磁力线是闭合的曲线。

③ 磁力线不相交。

2. 磁感应强度和磁通

观察实验：如图 3-1-3 所示为通电直导线在磁场中的受力实验。实验表明通电直导线垂直放置在确定的磁场中，受到的磁场力 F 与通过的电流强度 I 和导线长度 L 成正比，即与 IL 的乘积成正比。这就是说无论怎样改变电流强度 I 和导线长度 L，乘积 IL 增大多少倍，F 也增大多少倍。比值 F/IL 是恒量。

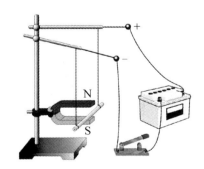

图 3-1-3　通电直导线在磁场中的受力实验

如果改变通电直导线在磁场中的位置，比值 F/IL 又会是新的恒量。

实验表明：F/IL 反映了磁场的特性。正如电场特性用电场强度来描述一样，磁场特性用一个新的物理量——磁感应强度来描述。

（1）磁感应强度。

① 定义：在磁场中垂直于磁场方向的通电导线，所受到的磁场力 F 与电流强度 I 和导线长度 L 的乘积 IL 的比值，叫作通电导线所在处的磁感应强度，用 B 表示。

② 计算公式：

$$B = \frac{F}{IL} \quad （磁感应强度定义式）$$

③ 矢量：B 的方向与磁场方向相同，即与小磁针 N 极受力方向相同。

④ 单位：特斯拉（T）。

匀强磁场：如果磁场中各点的磁感应强度 B 的大小和方向完全相同，那么这种磁场叫作匀强磁场。其磁力线平行且等距。

（2）磁通（Φ）。

磁场的强弱（即磁感应强度）可以用磁力线的疏密来表示。如果一个面积为 S 的平面放置在一个磁感应强度为 B 的匀强磁场中，且与磁场方向垂直，则穿过这个平面的磁力线的条数就是确定的。我们把 B 与 S 的乘积叫作穿过这个平面的磁通量，简称磁通。

① 定义：匀强磁场的磁感应强度 B 和与其垂直的某一平面的面积 S 的乘积，叫作穿过该平面的磁通量，简称磁通，用 Φ 表示。

② 计算公式：

$$\Phi = BS \quad （磁通定义式）$$

③ 单位：韦伯（Wb）。

$$1Wb = 1T \cdot m^2$$

【注意】由 $\Phi = BS$ 可得 $B = \frac{\Phi}{S}$，这说明在匀强磁场中，磁感应强度就是与磁场垂直的单位面积上的磁通。所以，磁感应强度又叫作磁通密度。

二、电流的磁效应

通电导体的周围存在磁场，这种现象叫电流的磁效应。

磁场方向取决于电流方向，可以用右手螺旋定则（又叫安培定则）来判断。

1. 通电直导线的磁场方向

右手螺旋定则：右手握住导线并把拇指伸开，用拇指指向电流方向，那么四指环绕的方向就是磁场方向（磁力线方向），如图 3-1-4 所示。

图 3-1-4   通电直导线的磁场方向

2. 通电螺线管的磁场方向

右手螺旋定则：右手握住螺线管并把拇指伸开，弯曲的四指指向电流方向，拇指所指方向就是磁场（北极 N）的方向，如图 3-1-5 所示。

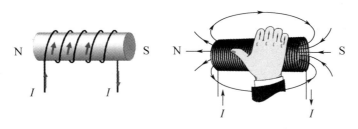

图 3-1-5   通电螺线管的磁场方向

理论学习笔记

> **基 础 知 识**
>
> ────────────────────
>
> ────────────────────
>
> **重 点 知 识**
>
> ────────────────────
>
> ────────────────────
>
> **难 点 知 识**
>
> ────────────────────
>
> ────────────────────
>
> **学 习 体 会**
>
> ────────────────────
>
> ────────────────────

知识巩固

一、填空题

1. 任何磁体都具有两个磁极：_____极和_____极。

2. 磁极间的相互作用力称为_____，其具有_____性质。

3. 地磁的 N 极在地理的_____极，S 极在地理的_____极。

4. 通电导体的周围存在磁场的现象，叫作电流的_____。

5. 通电直导线的电流方向和它的磁力线方向之间的关系，可用右手螺旋定则来判定：右手握住导线，伸直的拇指所指方向与_____方向一致，弯曲的四指所指的方向为_____的方向。

二、判断题

1. 磁力线是不相交的闭合曲线。 （   ）

2. 磁力线总是始于磁体的 N 极，终止于磁体的 S 极。 （   ）

3. 磁体一般用红色来表示其北极（N 极）。 （   ）

4. 磁极是磁体磁性最强的地方。 （   ）

5. 通电直导线在磁场中某处所受的电磁力 F 与通电直导线的长度 L、电流强度 I 的乘积 IL 之比 F/IL 定义为该处的磁感应强度。 （   ）

6. 直线电流、环形电流、通电螺线管，它们的磁场方向都可用安培定则来判断。
（   ）

三、单选题

1. 在磁场内部和外部，磁力线（   ）。

    A. 都是从 N 极指向 S 极

    C. 分别是内部从 S 极指向 N 极，外部从 N 极指向 S 极

    B. 都是从 S 极指向 N 极

    D. 分别是内部从 N 极指向 S 极，外部从 S 极指向 N 极

2. 关于电流产生的磁场，正确的说法是（   ）。

    A. 直线电流的磁场只分布在垂直于导体的某一个平面上

    B. 直线电流的磁力线是一些同心圆，距离导线越远磁力线越密

    C. 通电螺线管的磁力线分布与条形磁铁相同，但管内无磁场

    D. 直线电流、环形电流、通电螺线管，它们的磁场方向都可用安培定则来判断

3. 判定通电导体产生的磁场方向，可应用（   ）。

    A. 右手定则   B. 安培定则   C. 左手定则   D. 以上都不对

4. 判定通电螺线管产生的磁场方向时，弯曲的四指指向（　　）的方向，则拇指所指的方向就是（　　）的方向。

    A. 电流   C. 磁场 N 极   B. 磁场 S 极   D. 磁场

四、分析题

1. 请指出图 3-1-6（a）、（b）所示磁铁的磁力线方向和磁铁的 N、S 极。

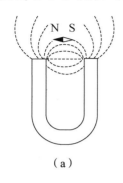 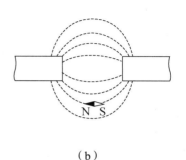

      （a）   （b）

图 3-1-6　题 1 图

2. 已知通电直导线、通电螺线管的电流方向如图 3-1-7 所示。

（1）试分别说出用什么定则判定各通电导体产生的磁场方向？

（2）将磁场方向标于图中（提示：用"×"表示垂直纸面进去的方向，用"　"表示垂直纸面出来的方向）。

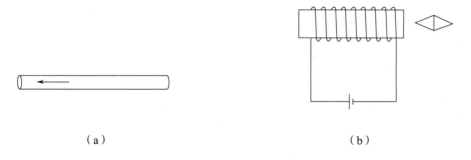

      （a）   （b）

图 3-1-7　题 2 图

学以致用

【技能实训 3-1】　探究通电导体的磁场方向

一、实训目的

1. 通过实训，直观、深刻地理解通电导体周围存在磁场的现象。

2. 会判断通电直导线、通电螺线管的磁场方向。

二、实训器材

1.5V 五号干电池 1 个，电池盒 1 个，导线 2 根，小磁针 1 个，螺线管 1 个。

三、实训步骤

1. 探究通电直导线的磁场。

奥斯特实验：把直导线接上电源，在直导线上方放置小磁针，给导线短时间通电，观察小磁针的变化，电路如图 3-1-8 所示。

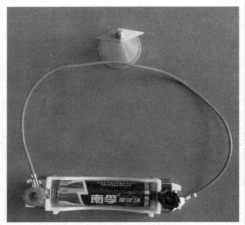

图 3-1-8　奥斯特实验电路

论证任务一

（1）通电时，小磁针_____（偏转/不偏转）；

该现象说明：_____。

（2）断电时，小磁针_____（复位/不复位）；

该现象说明：_____。

（3）改变通电电流方向，小磁针方向_____（改变/不改变）。

（4）电流真的能产生磁场吗？_____（能/不能）。

2. 探究通电螺线管的磁场。

用导线将螺线管与电源相连，在一旁放置小磁针。给螺线管短时间通电，用通电螺线管的一端分别靠近小磁针的南、北极，观察小磁针的变化。换用通电螺线管的另一端再试一试，电路如图 3-1-9 所示。

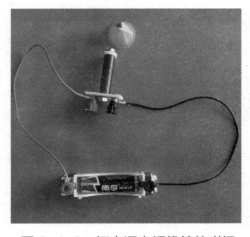

图 3-1-9　探究通电螺线管的磁场

实验电路

论证任务二

（1）用通电螺线管的一端分别靠近小磁针的南、北极，小磁针与通电螺线管一端_____（吸引/排斥），与另一端_____（吸引/排斥）。

（2）该现象说明：_____。

（3）通电螺线管周围存在着_____。

（4）通电螺线管的两端相当于条形磁铁的_____。

3．判定通电直导线的磁场方向。

判定方法：右手螺旋定则（安培定则）。

拇指指向表示：_____；弯曲四指指向表示：_____。

【练一练】试判断下列通电直导线的磁场方向。

如图 3-1-10 所示，简图常用的符号说明："×"表示电流垂直平面进去的方向（远离眼睛）；"·"表示电流垂直平面出来的方向（指向眼睛）。

图 3-1-10 判断磁场方向

4．判断通电螺线管的磁场方向。

判定方法：右手螺旋定则（安培定则）。

弯曲四指指向表示：_____；拇指指向表示：_____。

任务 2 探究电磁感应现象（磁生电）

在丹麦科学家奥斯特发现电流的磁效应之后，英国物理家法拉第开始思索：既然电流能够产生磁场，那么反过来磁场是不是也能产生电流呢？本任务在任务 1 的基础上，通过对典型的电磁感应现象的分析，总结出感应电流产生的条件，以及判断感应电流方向的方法——右手定则。这部分内容是电磁学的重要组成部分，也是学习交流电的基础。

任务目标

1．探究磁场产生电流的条件，理解电磁感应现象的本质。

2．观察实训现象，获知感应电流的方向与磁场方向、导线运动方向的关系；掌握右手定则。

 知识准备

一、电磁感应现象

在磁可否生电这个问题上，英国物理学家法拉第坚信，电与磁决不孤立，有着密切的

联系。为此，他做了许多试验，把导线放在各种磁场中想得到产生电流的条件，他以坚韧不拔的意志历时 10 年，终于找到了这个条件，从而开辟了物理学又一崭新天地。

1. 演示实验一

（1）让导体在磁场中向前或向后运动，如图 3-2-1 所示。

现象：电流表指针发生偏转，说明电路中有了电流。

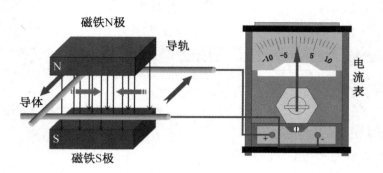

图 3-2-1　电磁感应现象（一）

（2）让导体静止或做上下运动。

现象：电流表指针不发生偏转，说明电路中无电流。

结论 I：闭合电路中部分导体做切割磁力线运动时，电路中就有电流产生。

2. 演示实验二

（1）把磁铁插入线圈或从线圈中抽出，如图 3-2-2 所示。

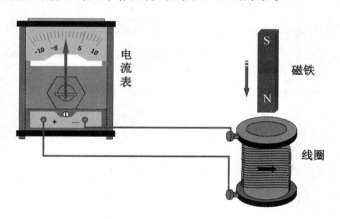

图 3-2-2　电磁感应现象（二）

现象：电流表指针发生偏转。

（2）磁铁插入线圈后静止不动，或磁铁和线圈以同一速度运动。

现象：电流表指针不偏转，说明闭合电路中没有电流。

结论 II：只要穿过闭合电路的磁通发生变化，闭合电路中就有电流产生。

分析结论 I、II 得出总结论如下。

① 产生感应电流的条件：只要穿过闭合电路的磁通发生变化，闭合电路中就有电流产生。

② 电磁感应现象：利用磁场产生电流的现象叫作电磁感应现象。产生的电流叫作感应电流。在电磁感应现象中，由电磁感应产生的电动势叫作感应电动势。

【例题 3-2-1】 如图 3-2-3 所示，图中能产生感应电流的是（　　　　　）（其中 B 表示磁感应强度，v 表示导线或线框运动的方向）。

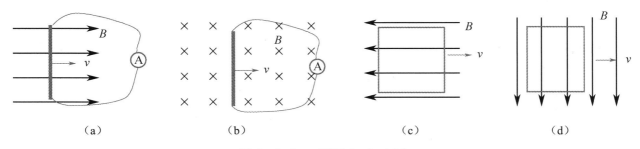

（a）　　　　　（b）　　　　　（c）　　　　　（d）

图 3-2-3　例题 3-2-1 图

解析： 图（a）、（c）、（d）均未进行切割磁力线运动，所以不产生感应电流。图（b）符合产生感应电流的条件：闭合回路中部分导体切割磁力线运动，从而产生感应电流。

二、判断感应电流方向的方法

右手定则：伸开右手，使拇指与其余四指垂直，并且都与手掌在一个平面内，让磁力线垂直进入手心，拇指指向导体运动方向，这时四指所指的方向为感应电流的方向，如图 3-2-4 所示。

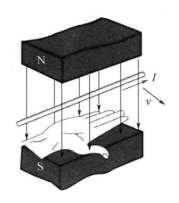

图 3-2-4　右手定则

【例题 3-2-2】 如图 3-2-5 所示，用右手定则判定导体 AB 中感应电流的方向。

说明： 右手定则的适用范围为在感应电流方向、磁场方向、导体运动方向中，已知任意两个的方向，可以判断第三个的方向。

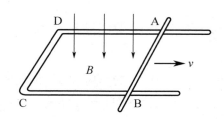

图 3-2-5　例题 3-2-2 图

解析：应用右手定则，可判定导体 AB 中感应电流的方向为 B→A。

理论学习笔记

基础知识

_____

_____

重点知识

_____

_____

难点知识

_____

_____

学习体会

_____

_____

知识巩固

一、判断题

1. 当穿过闭合电路中的磁通量发生变化时，电路中就有电流产生。　　　（　　）

2. 闭合电路中部分导体与磁场切割磁力线时，电路中就有电流产生。　　（　　）

3. 电路中有感应电流，必有感应电动势存在。　　　　　　　　　　　　（　　）

4. 线圈中只要有电流存在，就会产生电磁感应现象。　　　　　　　　　（　　）

二、单选题

1. 穿过线圈回路的磁通发生变化时，线圈两端就产生（　　　）。

    A. 电磁感应　　　　　　　　　　B. 感应电动势

    C. 磁场　　　　　　　　　　　　D. 电磁感应强度

2. 关于电磁感应现象，下列说法正确的是（　　　）。

    A. 只要穿过闭合回路的磁通量有变化，就一定有感应电流

    B. 感应电流的磁场跟原磁场方向相反

    C. 感应电动势的大小跟穿过闭合回路的磁通量成正比

    D. 一段导体做切割磁力线运动，就一定会产生感应电流

3. 产生感应电流的条件是（　　　）。

    A. 导体做切割磁力线运动

    B. 闭合电路的一部分导体在磁场中做切割磁力线运动

    C. 闭合电路的全部导体在磁场中做切割磁力线运动

    D. 闭合电路的一部分导体在磁场中沿磁力线运动

4. 下列现象中，首先由物理学家法拉第发现的是（　　　）。

    A. 电磁感应　　　　　　　　　　B. 电流的周围存在着磁场

    C. 地球的磁偏角　　　　　　　　D. 摩擦生电

5. 判断导体切割磁力线产生的感应电动势的方向采用（　　　）。

    A. 右手定则　　　　　　　　　　B. 右手螺旋定则

    C. 左手定则　　　　　　　　　　D. 楞次定律

6. 如图 3-2-6 所示，通电导体置于匀强磁场中，当 α =（　　　）时，导体在磁场中受力最大。

    A. $0°$　　　　　　　　　　　　B. $30°$

    C. $60°$　　　　　　　　　　　　D. $90°$

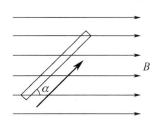

图 3-2-6　题 6 图

三、分析题

如图 3-2-7 所示，在通电直导线旁有一个矩形线圈，在下述情况下，线圈中有无感应电流？为什么？

（1）线圈以直导线为轴旋转。

（2）线圈向右远离直导线而去。

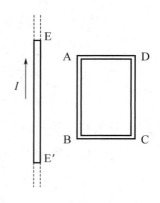

图 3-2-7　题 3 图

学以致用

【技能实训 3-2】　小型手摇式发电机的制作

一、实训目的

1. 了解手摇发电机的结构。

2. 了解磁生电的原理。

二、实训器材

教师演示器材		学生器材	
工　具	材　料	工　具	材　料
螺丝刀	发光二极管、导线三根、电流表、蹄形磁铁、线圈	螺丝刀	手摇发电机套件

三、实训步骤

【实训一】顺时针与逆时针摇动发电机

1. 安装好手摇式发电机套件，如图 3-2-8 所示。

图 3-2-8　手摇式发电机

2．顺时针摇动发电机，将观察到的实训现象记录在表3-2-1中。

3．逆时针摇动发电机，将观察到的实训现象记录在表3-2-1中。

4．改变发光二极管正负极的位置，将观察到的实训现象记录在表3-2-1中。

表3-2-1　实训记录

实训条件	实训现象
顺时针摇动发电机	
逆时针摇动发电机	
改变发光二极管正负极的位置	

5．实训结论：_____。

【实训二】慢摇与快摇发电机

1．慢摇发电机，观察发光二极管或小灯泡的亮度有无变化，将实训现象记录在表3-2-2中。

2．快摇发电机，观察发光二极管或小灯泡的亮度有无变化，将实训现象记录在表3-2-2中。

表3-2-2　实训记录

实训条件	实训现象
慢摇发电机	
快摇发电机	

3．实训结论：_____。

任务3　变压器的认识

　　在日常生活和生产中，常常需要用到各种不同的交流电压。如果采用许多输出电压不同的发电机来分别供给这些负载，不但不经济、不方便，而且实际上也是不可能的。所以，实际上输电、配电和用电所需要用到的各种不同的电压，都是通过变压器进行变换后而得到的。变压器是利用电磁感应原理制成的一种电气设备。它能将某一电压值的交流电变换成同频率的所需电压值的交流电。本任务主要目标为认识变压器的基本结构、变压器的作用、几种常用变压器。

任务目标

1. 掌握变压器的构造、用途。
2. 掌握变压器的功率、效率及其计算。
3. 认识几种常用变压器并了解其使用注意事项。

知识准备

变压器作为电气工程技术中重要的部件之一，在生产和生活中有着不可替代的作用。本任务对掌握变压器的结构、作用和变压器外特性的分析很重要。

一、变压器的基本结构

1. 变压器的分类

（1）按用途分为：电力变压器、专用电源变压器、调压变压器、测量变压器、隔离变压器。

（2）按结构分为：双绕组变压器、三绕组变压器、多绕组变压器、自耦变压器。

（3）按相数分为：单相变压器、三相变压器、多相变压器。

2. 变压器的结构

基本构造：变压器由铁芯和绕组构成。铁芯是变压器的磁路通道，是用磁导率较高且相互绝缘的硅钢片制成的，以便减少涡流和磁滞损耗。按其构造形式可分为芯式和壳式两种。其结构和图形符号如图 3-3-1 所示。

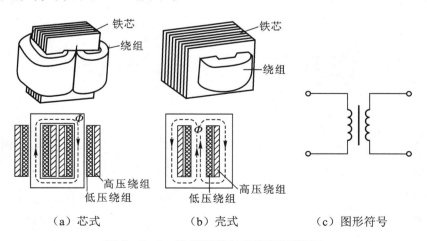

图 3-3-1　变压器的结构和图形符号

线圈是变压器的电路部分，是用漆包线、纱包线或丝包线绕成的。其中和电源相连的线圈叫原线圈（又称初级绕组、一次绕组），和负载相连的线圈叫副线圈（又称次级绕组、二次绕组）。

3. 变压器的额定值及使用注意事项

（1）变压器的额定值。

① 额定容量——变压器次级绕组输出的最大视在功率。其大小为次级额定电流与额定电压的乘积，一般以千伏安表示。

② 初级额定电压——接到变压器初级绕组上的最大正常工作电压。

③ 次级额定电压——当变压器的初级绕组接额定电压，次级绕组接额定负载时的输出电压。

（2）变压器使用的注意事项。

① 分清初级绕组、次级绕组，按额定电压正确安装，防止损坏绝缘或过载。

② 防止变压器绕组短路，烧毁变压器。

③ 工作温度不能过高，电力变压器要有良好的绝缘。

4. 变压器的冷却方式

（1）小容量变压器采用自冷式，即将其放置在空气中自然冷却。

（2）中容量电力变压器采用油冷式，即将其放置在有散热管（片）的油箱中。

（3）大容量变压器还要用油泵使冷却液在油箱与散热管（片）中做强制循环。

二、变压器的作用

变压器是按电磁感应原理工作的，初级绕组接在交流电源上，在铁芯中产生交变磁通，从而在初级、次级绕组中产生感应电动势。

如图 3-3-2 所示为一个最简单的单相双绕组变压器，它由一个作为电磁铁的铁芯和绕在铁芯柱上的两个绕组（线圈）组成。

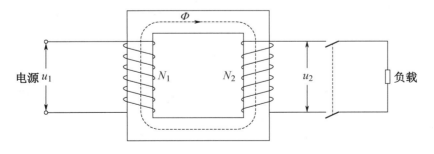

图 3-3-2　变压器原理图

其中接电源的绕组即初级绕组，匝数为 N_1，接负载的绕组即次级绕组，匝数为 N_2。
变压器的工作原理是以铁芯中集中通过的磁通 Φ 为桥梁的典型的互感现象，初级绕组加交变电流产生交变磁通，次级绕组受感应而生电。两个绕组只有磁耦合没有电联系。

1. 变压器的空载运行及变压器的变压比 k

空载运行：是指变压器初级绕组接电源，次级绕组不带负载（与负载断开）时的运行状态。

空载电流（励磁电流）：变压器初级绕组接电源，次级绕组不带负载时，初级绕组中通过的电流 I_0 即空载电流。

在理想状态下，变压器的电压变换关系为

$$\frac{U_1}{U_2} = \frac{N_1}{N_2} = k$$

变压器初级绕组、次级绕组电压的有效值与初级绕组、次级绕组的匝数成正比。比值 k 称为变压比。

2. 变压器的负载运行及变压器的变流比 k_i

将变压器初级绕组接电源，次级绕组与负载接通后，次级电路中就有电流通过。这时变压器便在带负载的状态下运行，这种情况叫作负载运行（或有载运行），如图 3-3-3 所示。

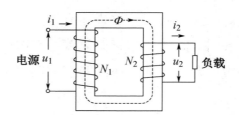

图 3-3-3　单相变压器的负载运行

下面分析理想变压器初级绕组、次级绕组的电流关系。若将变压器视为理想变压器，则其内部不消耗功率，输入变压器的功率全部消耗在负载上，即

$$U_1 I_1 = U_2 I_2$$

将上式变形带入 $\dfrac{U_1}{U_2} = \dfrac{N_1}{N_2} = k$ 中，可得理想变压器的电流变换关系

$$\frac{I_1}{I_2} = \frac{N_2}{N_1} = \frac{1}{k} = k_i$$

上式说明当变压器带负载运行时，初级、次级绕组中的电流与其匝数成反比，这便是其变流作用，其中 k_i 称为变压器的变流比。

三、几种常用变压器

1. 自耦变压器

自耦变压器的初级、次级绕组共用一部分绕组，它们之间不仅有磁耦合，还有电的关系，如图 3-3-5 所示。

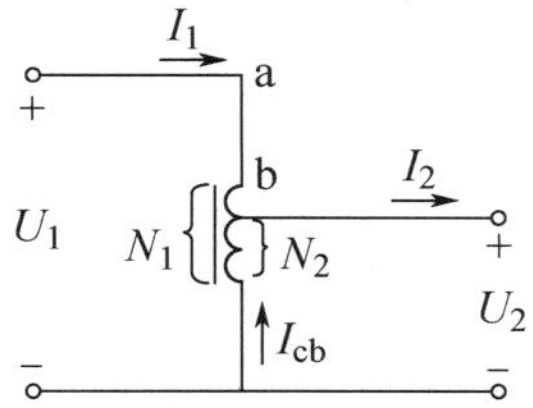

图 3-3-5　自耦变压器图形符号及原理图

初级、次级绕组的电压之比和电流之比的关系为

$$\frac{U_1}{U_2} = \frac{I_2}{I_1} \approx \frac{N_1}{N_2} = k$$

【注意】

① 自耦变压器在使用时，一定要注意正确接线，否则容易发生触电事故。

② 接通电压前，要将手柄转到零位。接通电源后，渐渐转动手柄，调节出所需要的电压。

2. 小型电源变压器

小型电源变压器广泛应用于电子仪器中。它一般有 1～2 个初级绕组和几个不同的次级绕组，如图 3-3-6 所示。可以根据实际需要连接组合，以获得不同的输出电压。

图 3-3-6　小型电源变压器实物图

3. 互感器

仪用互感器是一种专供测量的仪表，用于测量控制设备和保护设备中的高电压或大电流，可分为电压互感器和电流互感器两种。如为了在测量大电流和高电压时安全，以及按标准规格生产各种测量仪表，都要使用电流互感器和电压互感器。

如图 3-3-7 所示为接有电压互感器和电流互感器测量电压和电流的电路图，以及电压互感器和电流互感器的外形图。

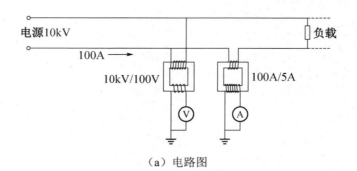

（a）电路图

（b）电压互感器外形图

（c）电流互感器外形图

图 3-3-7　仪用互感器

（1）电压互感器。

使用时，电压互感器的高压绕组（一次绕组）跨接在需要测量的供电线路上，低压绕组（二次绕组）则与电压表相连，如图 3-3-8 所示。

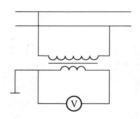

图 3-3-8　电压互感器测量接线图

可见，高压线路的电压 U_1 等于所测量电压 U_2 和变压比 k 的乘积，即

$$U_1 = kU_2 = \frac{N_1}{N_2}U_2$$

【注意】

① 通常规定电压互感器二次绕组（低压绕组）的额定电压设计成标准值 100 V，二次绕组不能短路，防止烧坏二次绕组。

② 电压互感器是将交流电的高电压变成低电压，从而便于电压表测量。为了保证电压互感器、指针式电压表和工作人员的安全，铁芯和二次绕组一端必须可靠的接地，防止一次绕组（高压绕组）绝缘被破坏时而造成设备的破坏和人身伤亡。

（2）电流互感器。

电气控制柜上的电流互感器如图 3-3-7（c）所示。电流互感器先将被测的大电流变换成小电流，然后用仪表测出二次电流 I_2，将其除以变压比 k，就可间接测出一次电流 I_1（大电流）。

通过负载的电流就等于所测电流和变压比倒数的乘积。

$$I_1 = \frac{I_2}{k} = \frac{N_2}{N_1} I_2$$

通常将电流互感器二次绕组的额定电流设计成标准值 5 A。

电流互感器的一次绕组与被测电路串联，二次绕组接电流表。一次绕组的匝数很少，一般只有一匝或几匝，用粗导线绕成。二次绕组的匝数较多，用细导线绕成，与电流表串联，它与双绕组变压器工作原理相同。电流互感器测量接线图如图 3-3-9 所示。

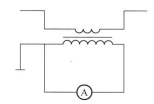

图 3-3-9　电流互感器测量接线图

钳形电流表是一种常用的电流互感器，如图 3-3-10 所示。它由一个电流表与二次绕组接成闭合回路和一个铁芯构成，其铁芯可开、可合。测量时，把待测电流的一根导线放入钳口中，则穿过铁芯的被测导线构成电流互感器的一次绕组。电流表上可直接读出被测电流的数值，用钳形电流表测量电流不用断开电路，使用非常方便。

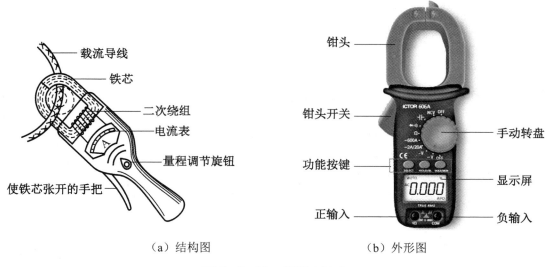

（a）结构图　　　　　　　　　（b）外形图

图 3-3-10　钳形电流表

【注意】

① 电流互感器将交流大电流变成小电流，从而便于电流表测量。

② 电流互感器二次绕组匝数多，可以感应出很高的电压，为保证安全，铁芯和二次绕组一端均应可靠接地，并且不允许在二次绕组一端安装熔断器和开关，否则易造成危险。

 理论学习笔记

基 础 知 识

重 点 知 识

难 点 知 识

学 习 体 会

知识巩固

一、填空题

1. 变压器是利用_____制成的电气设备。

2. 变压器主要由_____和_____两部分组成。

3. 变压器按铁芯结构分为：_____变压器和_____变压器。

4. 若变压比 $k > 1$，则 $N_1 > N_2$，$U_1 > U_2$，此类变压器为_____，若 $k < 1$，此类变压器为_____。

5. 特殊变压器有_____和_____等几种。

6. 电压互感器的一次绕组匝数_____，_____接于待测电路两端，且二次绕组注意不能_____。

7. 一个理想变压器，已知 $U_1 = 220\text{V}$，$N_1 = 1000$ 匝，$U_2 = 11\text{V}$，则次级绕组的匝数

$N_2 = $_____。

二、判断题

1. 变压器是一种静止的电气设备。 （   ）
2. 变压器是根据电磁感应原理而工作的，它只能改变交流电压而不能改变直流电压。
 （   ）
3. 变压器是一种交流电转换成同频率的另一种直流电的设备。 （   ）
4. 变压器只能变换电压和电流，不能变换功率和阻抗。 （   ）
5. 用钳形电流表测量电动机空转电流时，可直接用小电流挡一次测量出来。
 （   ）

三、单选题

1. 变压器是一种将（   ）。

    A. 交、直流电压升高或降低的电气设备

    B. 直流电压升高或降低的电气设备

    C. 交流电压升高或降低并且保持其频率不变的电气设备

    D. 用途较广泛的电气旋转设备

2. 有关变压器的作用，不正确的说法是（   ）。

    A. 变压器能改变交流电压的大小   B. 变压器能增大交流电的功率

    C. 变压器能实现负载的阻抗变换   D. 变压器能改变交流电流的大小

3. 一个理想变压器的原、副线圈匝数比为 10：1，它能正常地向接在副线圈两端的一个"20V，100W"的负载供电，并使它正常工作，则变压器的输入电压及输入电流分别为（   ）。

    A. 200V，0.5A   B. 2V，100A

    C. 20V，50A   D. 大于200V，大于0.5A

4. 将变压器的初级绕组接电源，次级绕组与负载连接，这种运行方式称为（   ）运行。

    A. 空载   B. 过载   C. 有载   D. 满载

5. 将变压器的初级绕组接交流电源，次级绕组与负载断开连接，这种运行方式称为变压器（   ）运行。

    A. 空载   B. 过载   C. 有载   D. 断路

6. 电流互感器二次绕组的额定电流设计为（   ）。

    A. 5A   B. 10A   C. 15A   D. 20A

7. 已知变压器的变压比 $k = 5$，原线圈匝数 $N_1 = 2200$ 匝，副线圈匝数 $N_2 = $（   ）匝。

A. 11000   B. 1100   C. 440   D. 220

四、多选题

1. 电压互感器在运行时，对二次侧电路的要求有（　　　）。

    A. 二次侧绝对不允许短路

    B. 二次侧电路中应串联熔断器做短路保护

    C. 二次绕组一端必须可靠接地

    D. 要安装电流表和电压表以方便随时测量其工作电流和电压

2. 电流互感器在运行中对二次侧电路的要求有（　　　）。

    A. 运行中二次侧不得开路

    B. 绝对不允许接有熔断器和开关

    C. 在运行中要拆下电流表，应先把二次侧电路短接

    D. 二次绕组一端必须可靠接地

    E. 要安装电压表以便随时测量其电压大小

3. 下面关于电压互感器的说法正确的是（　　　）

    A. 与电力变压器的工作原理相同　　　B. 二次侧不允许短路

    C. 变压比不等于匝数比　　　　　　　D. 二次侧不需要接地

4. 在测量电路中，使用仪用互感器的主要作用有（　　　）

    A. 将测量仪表与高电压隔离　　　　　B. 扩大仪表量程

    C. 提高测量精度　　　　　　　　　　D. 减少测量能耗

学以致用

【技能实训 3-3】　单相变压器主要参数的测量

一、实训目的

1. 通过空载实验确定单相变压器的励磁阻抗、励磁电阻和励磁电抗参数。
2. 通过短路实验确定单相变压器的短路阻抗、短路电阻和短路电抗参数。

二、实训器材

单相变压器 1 台，电流表、电压表、功率表、万用表各 1 块。

三、实训步骤

1. 连接电路图。

单相变压器的空载实验和短路实验接线图分别如图 3-3-14、图 3-3-15 所示，按图接好

电路。功率表内部等效结构如图 3-3-16 所示。

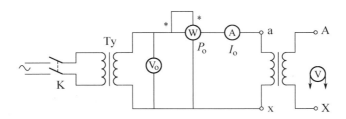

图 3-3-14　单相变压器空载实验接线图

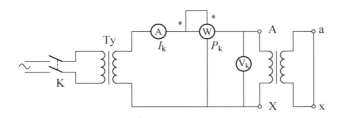

图 3-3-15　单相变压器短路实验接线图

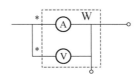

图 3-3-16　功率表内部等效结构

2．测定变压比。

接线如图 3-3-14 所示，电源经调压器 Ty 接至低压绕组（ax），高压绕组（AX）开路，合上电源开关 K，将低压绕组外加电压，并逐渐调节 Ty，当调至额定电压 U_N 的 50% 左右时，测量低压绕组电压 U_{ax} 及高压绕组电压 U_{AX}。调节调压器 Ty，增大电压，记录三组数据，填入表 3-3-1 中。

表 3-3-1　测变压比数据

序　号	U_{AX}（V）	U_{ax}（V）	变压比 $k = \dfrac{U_{AX}}{U_{ax}}$
1			
2			
3			

3．空载实验。

接线如图 3-3-14 所示，电源频率为工频，波形为正弦波，空载实验一般在低压侧进行，即在低压绕组（ax）上施加电压，高压绕组（AX）开路，变压器空载电流 $I_0 = (2.5\% \sim 10\%)I_N$，据此选择电流表及功率表电流线圈的量程。变压器空载运行的功率因数很低，一般在 0.2 以下，应选用低功率因数功率表测量功率，以减小测量误差。

变压器接通电源前必须将调压器输出电压调至最小位置，以避免合闸时，电流表功率电流线圈被冲击电流所损坏，合上电源开关 K 后，调节变压器从 $0.5U_N$ 到 $1.2U_N$，测量空载电压 U_o，空载电流 I_o，空载功率 P_o，读取 6～7 组数据，记录在表 3-3-2 中。

表 3-3-2　空载实验数据

测量变量	测 量 值					
U_o（V）						
I_o（A）						
P_o（W）						

4. 短路实验。

变压器短路实验接线如图 3-3-15 所示，短路实验一般在高压侧进行，即在高压绕组（AX）上施加电压，低压绕组（ax）短路，若实验变压器容量较小，在测量功率时电流表可不接入，以减少测量功率的误差（功率表为高功率因数表）。使用横截面较大的导线，将低压绕组短接。

变压器短路电压数值约为（5%～10%）U_N，因此事先将调压器调到输出零位置，然后合上电源开关 K，逐渐慢慢地增加电压，使短路电流达到 $1.1I_N$，快速测量 U_k，I_k，P_k，读取 6～7 组数据，记录在表 3-3-3 中。

【注意】短路实验一定要尽快进行，因为变压器绕组很快就会发热，使绕组电阻增大，读数会发生偏差。

表 3-3-3　短路实验数据

测量变量	测 量 值					
U_k（V）						
I_k（A）						
P_k（W）						

单相正弦交流电路

任务 1 单相正弦交流电的认识

任务目标

1. 了解正弦交流电的产生。
2. 掌握单相正弦交流电的基本物理量。

知识准备

交流电与直流电的根本区别是：直流电的方向不随时间的变化而变化，交流电的方向则随时间的变化而变化。几种常见的电流波形如图 4-1-1 所示。

　　稳恒直流电　　　电视机的正弦交流电　　显像管的偏转电流　　计算机中的方波信号

图 4-1-1　几种常见的电流波形

稳恒直流电：电压（或电流）的大小和方向都不随时间而变化。

正弦交流电：电压（或电流）的大小和方向按正弦规律变化。

非正弦交流电：即不按正弦规律变化的交流电，它是一系列正弦交流电叠加合成的结果。

正弦交流电的基本物理量

1. 正弦交流电的产生

在交流电路中，电流和电压的大小和方向随时间做周期性变化，这样的电流和电压分别称为交变电流和交变电压，统称为交流电。交流发电机产生的电动势是按正弦规律变化的，向外电路输送的是正弦交流电。交流发电机的原理如图 4-1-2 所示。

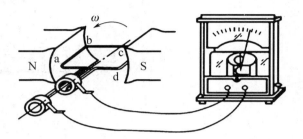

图 4-1-2　交流发电机的原理

如图 4-1-3 所示为交流发电机产生交流电的过程及其对应的波形图。通过分析可以得出整个线圈产生的感应电动势为

$$e = 2BLv\sin(\omega t + \varphi_0) = E_m \sin(\omega t + \varphi_0)$$

式中，$E_m = 2BLv$ 是感应电动势的最大值，又叫振幅。

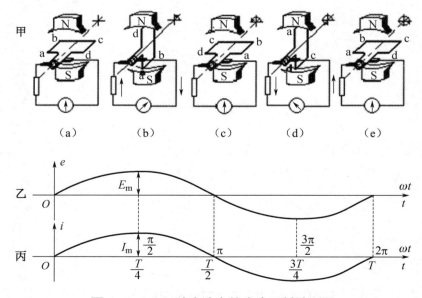

图 4-1-3　正弦交流电的产生及其波形图

2. 正弦交流电的周期、频率和角频率

（1）周期。

交流电完成一次周期性变化所用的时间叫作周期，用字母 T 表示，单位是秒（s）。

（2）频率。

交流电在单位时间（1s）内完成的周期性变化次数叫作频率，用字母 f 表示，单位是赫[兹]（Hz）。常用单位还有千赫（kHz）和兆赫（MHz），换算关系如下

$$1\mathrm{kHz} = 10^3 \mathrm{Hz}, \quad 1\mathrm{MHz} = 10^6 \mathrm{Hz}$$

周期与频率的关系：两者互为倒数关系，即 $T = \dfrac{1}{f}$。周期与频率都是反映交流电变化快慢的物理量。周期越短、频率越高，则交流电变化越快。

（3）角频率。

单位时间内电角度的变化量叫作角频率，用字母 ω 表示，单位是弧度每秒（rad/s）。角频率、频率和周期的关系为

$$\omega = \frac{2\pi}{T} = 2\pi f$$

3. 相位和相位差

（1）相位。

正弦交流电在每一刻都是变化的，（$\omega t + \varphi_0$）是该正弦交流电在 t 时刻所对应的角度，称为相位角，简称相位。当 $t = 0$ 时，相位 $\varphi = \varphi_0$，φ_0 叫作初相位（简称初相），它反映了正弦交流电起始时刻的状态。

（2）相位差。

两个同频率的正弦交流电，任一瞬间的相位之差就叫作相位差，用字母 φ 表示，即

$$\varphi = (\omega t + \varphi_{01}) - (\omega t + \varphi_{02}) = \varphi_{01} - \varphi_{02}$$

在实际应用中，规定用绝对值小于 π 的角度（弧度值）表示相位差。正弦交流电常见的五种相位关系，如表 4-1-1、图 4-1-4 所示。

表 4-1-1 正弦交流电的五种相位关系

$\varphi = \varphi_{01} - \varphi_{02}$	常用表述
$\varphi > 0$	i_1 超前 i_2 或 i_2 滞后 i_1，如图 4-1-4（a）所示
$\varphi < 0$	i_1 滞后 i_2 或 i_2 超前 i_1，如图 4-1-4（b）所示
$\varphi = 0$	i_1 与 i_2 同相，如图 4-1-4（c）所示
$\varphi = \pi$	i_1 与 i_2 反相，如图 4-1-4（d）所示
$\varphi = \dfrac{\pi}{2}$	i_1 与 i_2 正交，如图 4-1-4（e）所示

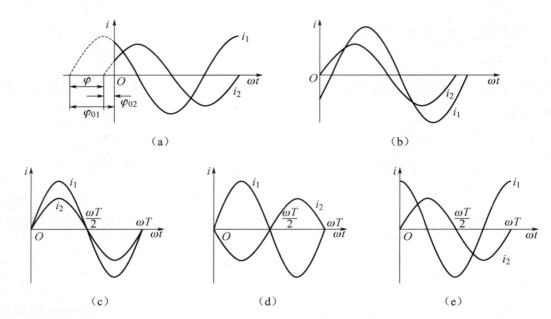

图 4-1-4　正弦交流电的五种相位关系

振幅、频率（或周期、角频率）、初相叫作正弦交流电的三要素。

4．交流电的有效值

（1）定义：一个直流电流与一个交流电流分别通过阻值相等的电阻，如果通电时间相同，电阻 R 上产生的热量也相等，那么直流电的数值叫作交流电的有效值。

（2）大小：理论和实验都可以证明，正弦交流电的最大值是有效值的 $\sqrt{2}$ 倍，即

$$I = \frac{I_{\mathrm{m}}}{\sqrt{2}} = 0.707 I_{\mathrm{m}}$$

$$U = \frac{U_{\mathrm{m}}}{\sqrt{2}} = 0.707 U_{\mathrm{m}}$$

$$E = \frac{E_{\mathrm{m}}}{\sqrt{2}} = 0.707 E_{\mathrm{m}}$$

（3）交流电气设备的铭牌上所给出的额定电压、额定电流均为交流电的有效值。

 知识拓展

单相电能表的结构与接线方法

一、单相电能表

在工农业生产和日常生活中，为了做到计划用电和节约用电，往往需要用电能表（简称电表）来测量用电量，如图 4-1-5 所示。电子式单相电能表是利用电子电路、芯片来测量电能的，用分压电阻或电压互感器将电压信号变换成可用于电子测量的小信号，用分流器或电

流互感器将电流信号变换成可用于电子测量的小信号，再利用专用的电能测量芯片将变换好的电压、电流信号进行模拟或数字乘法，并对电能进行累计，然后输出频率与电能成正比的脉冲信号。脉冲信号驱动步进马达带动机械计度器显示，或送入微机处理后进行数码显示。

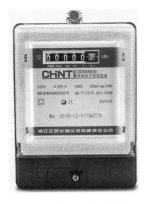

（a）电子式单相电能表　　　　　　　（b）机械式单相电能表

图 4-1-5　单相电能表实物图

机械式单相电能表由电流线圈、电压线圈及铁芯、铝盘、转轴、数字盘灯组成。电流线圈串联于电路中，电压线圈并联于电路中。在用电设备开始消耗电能时，电压线圈和电流线圈产生主磁通，通过铝盘，在铝盘上感应出涡流效应并产生转矩，使铝盘转动，带动计度器记录耗电量。

二、单相电能表的接线方法

在实际应用中，应合理选用电能表的规格。如选用的电能表规格过大，而用电量过小，则会造成计数不准；选用规格过小时，会使电表过载，严重时有可能烧坏电能表。一般选用电能表时，额定电压为 220V，1A 单相电能表的最小负载功率为 11W，最大负载功率为 440W；2.5A 单相电能表的最小负载功率为 27.5W，最大可达 1100W；5A 单相电能表的最小负载功率为 55W，最大可达 2200W。如图 4-1-6 所示是单相电能表接线图。

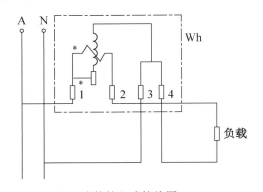
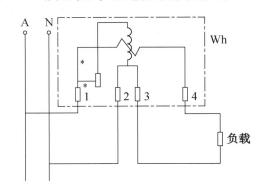

（a）直接接入式接线图　　　　　　　　（b）经电流互感器接入式接线图

1、3 端接电源，2、4 端接负载，并且 1 端要接相线　　1、2 端接电源，3、4 端接负载，这种方法不常用

图 4-1-6　单相电能表接线图

三、电能表安装时注意事项

（1）检查表罩两个封签上所加封的铅印是否完整。电能表装好后，合上隔离开关，开灯检查。

（2）电能表应安装在干燥、稳固的地方，避免阳光直射，忌湿、热、霉、烟、尘、砂及腐蚀性气体。位置要装得正，如有明显倾斜，容易造成计度不准、停走或空走等问题。应安装得高些，但又要便于抄表。

（3）必须按接线图接线，同时注意拧紧螺钉和紧固接线盒内的小钩子。接线时一定要按示意图将电能表的电路线圈串联在相线上，电压线圈并联在用电设备两端。

（4）电能表的电流线圈和电压线圈的发电机端必须接在电源的同一极性上。

（5）电能表安装好后，合上隔离开关，开启用电设备，转盘则从左向右转动（通常有转向指示图标）；关闭用电设备后转盘有时会有轻微转动，但不超过一圈为正常。

 理论学习笔记

基 础 知 识
重 点 知 识
难 点 知 识
学 习 体 会

知识巩固

一、填空题

1. _____和_____都随时间_____变化的电流叫作交流电流。

2. 交流电的周期是指_____，用字母____表示，单位是_____；

频率是指_____，用字母_____表示，单位是_____；周期与频率之间的关系是_____；角频率是指_____，用字母_____表示，单位是_____。

3. 我国民用交流电压的频率为_____，有效值为_____。

4. 某正弦交流电流 $i = 10\sin\left(100\pi t - \dfrac{\pi}{4}\right)$ mA，则它的最大值 $I_m =$ _____mA，有效值 $I =$ _____mA，频率 $f =$ _____Hz，周期 $T =$ _____s。

5. 交流电气设备铭牌上所给出的电压、电流值均为_____值。

二、单选题

1. 下列关于正弦交流电的说法正确的是（   ）。

    A. 有效值是最大值的 $\sqrt{2}$ 倍

    B. 最大值为 311V 的正弦交流电压就其热效应而言，相当于一个 220V 的直流电压

    C. 最大值为 311V 的交流电，可以用 220V 的直流电代替

    D. 耐压值为 300V 的电容，可以接在有效值为 220V 的交流电源上工作

2. 已知两交流电压 $u_1 = 10\sin\left(314t + \dfrac{\pi}{3}\right)$V，$u_2 = 10\sqrt{2}\sin\left(314t - \dfrac{\pi}{3}\right)$V。它们相同的量为（   ）。

    A. 有效值   B. 初相位   C. 周期   D. 最大值

3. 某正弦交流电压的初相角 $\varphi = -\dfrac{\pi}{6}$，在 $t = 0$ 时瞬时值将（   ）。

    A. 大于零   B. 小于零   C. 等于零   D. 无法判断

三、简答题

1. 正弦交流电的三要素是什么？它们分别表示了正弦量变化过程中的什么情况？

2. 两个同频率的正弦量，如果两者同时达到零值，能否断定它们是同相位。

学以致用

【技能实训 4-1】 单相正弦交流电路中电流、电压的测量

一、实训目的

1. 能够使用万用表测量单相正弦交流电路中的电路参数。

2. 能够使用示波器测出正弦交流电的周期、幅值（最大值）。

3. 能够使用示波器观察两个同频率正弦交流量的波形相位关系。

二、实训器材

数字万用表、电子示波器、RC 串联交流电路。

三、实训准备

1. 用万用表测量交流电的电压。

用数字万用表（见图 4-1-7）测量交流电的电压。

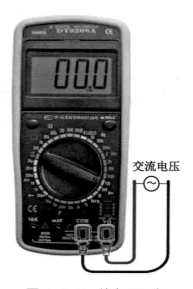

图 4-1-7 数字万用表

（1）红表笔插入 V/Ω 插孔，黑表笔插入 COM 插孔。

（2）测交流电压时，将量程旋钮调整到"750V"交流电压挡位。

（3）将红、黑表笔分别接触待测电源。测交流电源，以国标插座为例，国标插座空位是左侧为中性线、右侧为相线，即红表笔插入右孔，黑表笔插入左孔。

（4）读数，在 LED 屏上读出电压值。

（5）使用完毕，应将量程旋钮调到"OFF"挡位或交流电压最大挡位，长期不用应该

取出电池。

2. 用示波器测量交流电路的电压和电流。

（1）示波器的结构。

电子示波器主要由电子射线示波管、扫描发生器、同步电路、放大部分和电源部分组成。其面板结构如图 4-1-8 所示。

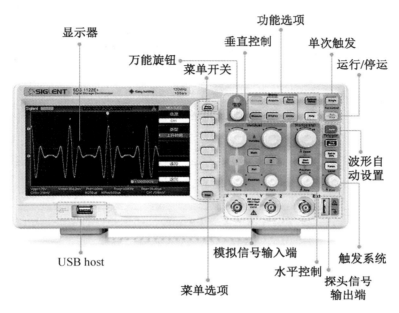

图 4-1-8　电子示波器的面板结构

（2）用示波器测量交流电的电压。

① 熟悉示波器和信号发生器面板各旋钮的作用，并将各开关置于指定位置，如扫描微调、电压灵敏度微调置校准挡（顺时针旋至底），扫描方式置自动，触发源选项置 CH1 或 CH2，耦合方式置 AC。

② 接通电源，并打开开关预热 3min，输入幅度为 2V、频率为 1kHz 的标准信号，分别调节辉度、聚焦、位移旋钮、光迹旋钮等控制键，使光迹清晰并与水平刻度平行。

③ 将电源正弦信号接入示波器，通过调整相应的灵敏度开关和扫描速度选择开关，使波形不超出屏幕范围，显示 2～3 个周期的波形。读出垂直距离 y 和水平距离 x，得到波形的电压峰-峰值和周期。

四、实训步骤

1. 认识示波器，了解示波器的基本功能。

2. 用万用表测量交流电路的电压，填写表 4-1-2。

3. 用示波器测量交流电路的电压及其幅值，填写表 4-1-3。

4. 用示波器测量交流电路的电压周期，填写表 4-1-3。

5. 用示波器观察两个同频率正弦交流量的波形相位关系。

表 4-1-2　用万用表测量交流电路实训记录

测量变量	信号电压（V）	电阻两端电压（V）	电容两端电压（V）
测量值			

表 4-1-3　用示波器测量交流电路实训记录

测量变量	信号电压（V）	电阻两端电压幅值（V）	电容两端电压幅值（V）	电路两端电压幅值（V）	电路中电流的周期（s）	电路两端电压的周期（s）
测量值						
结论一	电阻两端电流与电容两端电流的大小关系和波形相位关系					
结论二	电阻两端电压与电容两端电压的波形相位关系					

五、实训考核评价（见表 4-1-4）

表 4-1-4　实训考核评价表

考核项目	考核要求	评分标准	配分	得分
（一）认识示波器	正确识别示波器操作面板上的功能键	识别完全正确（20 分）	20	
（二）实训准备工作	实训前示波器操作正确	示波器操作面板上各功能键位置正确（20 分）	20	
（三）用万用表测量电路的电流值和电压值	万用表使用正确；测量结果正确	操作正确（10 分）；测量结果正确（10 分）	20	
（四）用示波器测量电路的电流值和电压值	示波器使用正确；测量结果正确	操作正确（10 分）；测量结果正确（10 分）	20	
（五）实训结论	实训结论正确	实训结论正确（10 分）	10	
（六）各种工具的维护	使用后完好无损	正确使用工具，用后完好无损（5 分）；无事故发生（5 分）	10	
总　　分				

知识巩固

计算题

1. 已知 $i_1 = 10\sqrt{2}\sin\left(314t + \dfrac{\pi}{6}\right)$A，$i_2 = 20\sqrt{2}\sin\left(314t - \dfrac{\pi}{6}\right)$A；求各正弦量的振幅、有效值、频率、角频率、初相位及两者间的相位差。

2. 已知正弦电压 u 和电流 i_1、i_2 的瞬时表达式为

$$u = 311\sin\left(\omega t + \frac{\pi}{3}\right)\text{V}，\quad i_1 = 141\sin\left(\omega t - \frac{\pi}{6}\right)\text{mA}，\quad i_2 = 28.2\sin\left(\omega t + \frac{\pi}{4}\right)\text{mA}$$

求（1）各电压与电流的初相位；（2）相位差 φ_{ui1}、φ_{ui2}。

任务2 家用照明电路安装

**任务目标**

1. 了解电气照明的基本概念。
2. 掌握照明配电系统中的电源配线图、照明线路图。

**知识准备**

电能是现代社会应用最广泛的一种能量形式，而电气照明是现代建筑不可缺少的人工采光方式。随着社会与经济的发展，建筑的照度标准、艺术造型、照明质量、装饰美化等要求都在不断提高，作用日益增强。

一、电气照明的基本概念

1. 电气照明的组成

电气照明主要由电源及配电装置、照明装置、照明线路、控制装置和测量保护装置等组成。

（1）电源及配电装置中，电源的作用是供给电能，配电装置是分配电能。

（2）照明装置的作用是将电能转换成光能。

（3）照明线路的作用是给照明装置输送电能。

（4）控制装置的作用是通断电源，根据照明场所的需要点亮照明或熄灭照明。

（5）测量保护装置的作用是测量电能和保护电气设备。

2. 电气照明方式

电气照明方式就是照明设备按其安装部位和使用功能而构成的基本制式。

（1）一般照明：为照亮整个场地而设计的照明系统。

（2）局部照明：为满足某些局部的特殊需要，用近距离观看对象的附加灯具形成的照明。

（3）混合照明：一般照明与局部照明的综合运用。

3. 电气照明的种类

电气照明的种类就是照明设备按其工作状况而构成的基本类型。

照明种类可分为正常照明、应急照明、值班照明、警卫照明、景观照明和障碍照明。

（1）正常照明：永久安装的人工照明，保证工作人员在正常情况下的视觉照明。

（2）应急照明：因正常照明的电光源发生故障而启用的照明。

（3）值班照明：用以工作值班的照明。

（4）警卫照明：在夜间为改善对人员、财产、建筑物、材料和设备的保卫，用于警戒而安装的照明。

（5）景观照明：既有照明功能，又兼有艺术装饰和美化环境功能的户外照明。

（6）障碍照明：用以装设航空等障碍标志的照明。

二、照明配电系统

1. 照明配电系统的组成（见图4-2-1）

（1）进户线：由建筑物外引至总配电箱的一段线路。

（2）干线：从总配电箱到分配电箱的线路。

（3）支线：由分配电箱引到各用电设备的线路。

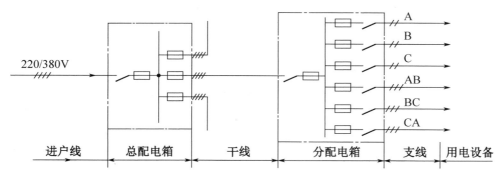

图 4-2-1 照明配电系统的组成

2. 照明配电系统常用的接线方式

接线方式指配电箱之间的连接方式，照明配电系统常用的接线方式如图 4-2-2 所示。

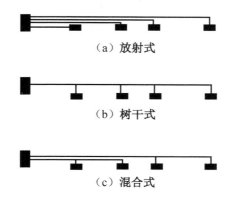

（a）放射式

（b）树干式

（c）混合式

图 4-2-2 照明配电系统常用的接线方式

三、照明电路设备

1. 常用家庭照明灯具

目前市场上的照明灯具品种繁多、外形千姿百态，但家庭常用的有三种灯：第一种是直接靠电流加热灯丝而发光的白炽灯；第二种是靠灯丝发射电子、激发荧光物质而发光的灯，如日光灯、三基色节能荧光灯等；第三种是利用半导体器件直接把电能转化成光能的灯，如 LED 灯。家庭室内灯具的安装可分为：吊灯、吸顶灯、壁灯、落地灯、台灯、射灯等。

（1）吊灯。

吊灯是室内主要的照明灯具，它以白炽灯做光源，灯具体积小，亮度高、光色好，用作大面积的一般照明，如图 4-2-3 所示。还有装饰用的吊灯，根据吊灯的造型和结构，可分为单灯罩、单层枝形和多层枝形，它们像树杈一样分布在吊灯四周。吊灯的灯罩采用塑料或玻璃压制，由注塑磨制或吹制成各种形状的晶片、挂片以及具有星光闪烁感的透明棱镜等构成。

有的吊灯为了根据需要随时调节照明范围，在吊灯上配上一个拉手或一个带有可收缩钢丝的接线盒使吊灯能上下移动。

图 4-2-3　吊灯

（2）吸顶灯和嵌入灯。

吸顶灯是直接附着在天花板上的照明灯，它占有比较小的空间，适用于房间做一般照明用，如图 4-2-4 所示。它的灯罩结构可分为封闭式和敞开式两种。封闭式灯罩大多采用乳白色的玻璃罩，也有用透明玻璃或塑料做材料，表面压制出凹凸花纹，其外形有圆球形、长方体形、橄榄形等。敞开式灯罩大多采用透明玻璃的挂片、晶珠或透明压花玻璃等制作。

嵌入灯主要是为了维持房内平顶的完整，避免出现亮斑，它使灯具的沿口面与建筑平顶齐，装在天花板里面，能保持平顶的完整外形，给人以一种整齐舒适的感觉。

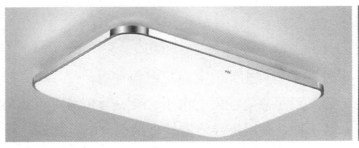

图 4-2-4　吸顶灯

（3）壁灯。

壁灯是一种直接装在墙壁上或建筑支柱上的照明灯，如图 4-2-5 所示。

根据壁灯投射出的光线效果可以分为两类：一类采用透明玻璃或塑料做成透光部件，其表面具有凹凸不平的装饰性图案，从透光部件外面可以看出许多闪亮点或亮斑，外观华丽，成为装饰用灯。它适用于大厅或卧室中，往往与不同风格的枝形吊灯一起使用。另一类壁灯采用乳白色玻璃做成封闭的外罩，配上金属件，简单朴素，光线比较柔和，可以装在大门两侧或通道的墙壁上。

图 4-2-5 壁灯

（4）落地灯和台灯。

落地灯是安放在地板上配有固定的可以调节高度的长杆灯，有一个体积较大的半透明罩子套在灯泡的外面，灯杆有多种形状，除了用金属管外，还有木制的，以竹节、花瓶、螺旋等形状作为工艺装饰。

台灯是放在桌面供书写、阅读或做其他工作时使用的小型可移动的局部照明灯。台灯大多用白炽灯、三基色节能荧光灯做光源，采用白炽灯的台灯，在电气上除了普通开关，还有很大一部分采用调节灯泡亮度的电子调光器，可平滑地调节亮度。三基色节能荧光灯的灯管功率一般在 8~15W 之间，灯杆大多采用金属软管或外套彩色塑料软管，可调节照明的角度。

台灯与落地灯都属于可移动式灯具，如图 4-2-6 所示。

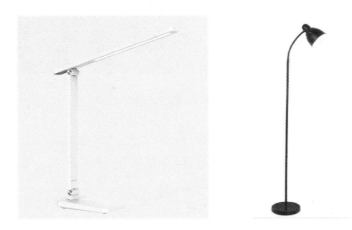

图 4-2-6 台灯和落地灯

（5）射灯。

射灯是在室内采用的一种灯，用白炽灯做光源，定向射出光来，适用于室内书桌、沙发、床头等处的照明，也用于墙壁上的挂画和室内摆设的投光照明及展览会和商店橱窗的陈列品照明。对于受照面不允许热辐射的地方（如珍贵的文物、字画），射灯应采用冷光的白炽灯做光源，如图 4-2-7 所示。

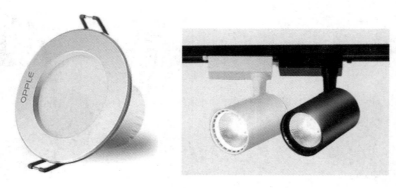

图 4-2-7　射灯

2. 照明开关

普通照明开关是用来接通或断开照明线路电源的一种低压电器。开关、插座不仅是一种家居装饰功能用品，还是照明用电安全的主要零部件，其产品质量、性能材质对于预防火灾、降低损耗都有至关重要的决定性作用。

照明开关的种类很多，下面介绍几种家庭照明电路中比较常用的开关。

（1）按面板型分，有 86 型、120 型、118 型、146 型和 75 型，家庭装修应用最多的有86 型和 118 型，如图 4-2-8 所示。

图 4-2-8　86 型和 118 型面板开关

（2）按开关连接方式分，有单极开关、双极开关、三极开关、三极加分合中线开关、双控开关、带公共进线的双路开关、有一个断开位置的双控开关、双控双极开关、双控换向开关。单极开关和三极开关如图 4-2-9 所示。

图 4-2-9　单极开关和三极开关

（3）按开关触点的断开情况分，有正常间隙结构开关，其触点分断间隙 ≥ 3mm；小间隙结构的开关，其触点分断间隙 < 3mm，但须大于 1.2mm。

（4）按启动方式分，有旋转开关、跷板开关、按钮开关、声控开关、触屏开关、倒板开关、拉线开关。按钮开关和声控开关如图 4-2-10 所示。

图 4-2-10　按钮开关和声控开关

（5）按有害进水的防护等级分，有普通防护等级 IPX0 或 IPX1 开关、防溅型防护等级 IPX4 开关、防喷型防护等级 IPXe 开关。

（6）按接线端子分，有螺钉外露和不外露两种，选择螺钉不外露的开关更安全。

（7）按安装方式分，有明装式和暗装式两种。

3. 插座

插座是各种移动电器的电源接取口，如台灯、电视机、电风扇、洗衣机等都使用插座。插座的安装高度应符合设计的规定，当设计无规定时应符合施工规范要求。

插座的接线应符合下列要求。

（1）面对插座的右孔或上孔与相线相连，左孔或下孔与中性线相连；单相两孔插座，面对插座的右孔与相线相连。单相两孔插座如图 4-2-11 所示。

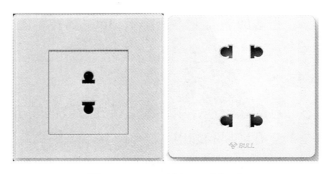

图 4-2-11　单相两孔插座

（2）单相三孔、五孔及三相四孔插座的地线或中性线均应接在上孔。插座的接地端子不应与中性线端子直接连接。单相三孔、五孔插座如图 4-2-12 所示。

图 4-2-12　单相三孔、五孔插座

（3）同一场所的三相插座，其接线的相位必须一致。

四、照明灯具的安装

1. 安装基本要求

（1）安装前，灯具及其配件应齐全，无机械损伤、变形、油漆剥落和灯罩破裂等缺陷。

（2）根据灯具的安装场所及用途，引向每个灯具的导线线芯最小截面应符合有关规程、规范的规定。

（3）当在砖石结构中安装电气照明装置时，应采用预埋吊钩、螺栓、螺钉、膨胀螺栓、尼龙塞或塑料塞固定；严禁使用木楔。当设计无规定时，上述固定件的承载能力应与电气照明装置的重量相匹配。

（4）在危险性较大及特殊危险场所，当灯具距地面高度小于 2.4m 时，应使用额定电压为 36V 及以下的照明灯具或采取保护措施。灯具不得直接安装在可燃物上；当灯具表面高温部位附近有可燃物时，应采取隔热、散热措施。

（5）在变电所内，高压、低压配电设备及母线的正上方，不应安装灯具。

（6）室外安装的灯具，距地面的高度不宜小于 3m；当在墙上安装时，距地面的高度不应小于 2.5m。

2. 螺口灯头的接线要求

（1）相线应接在中心触点的端子上，中性线应接在螺纹的端子上。

（2）灯头的绝缘外壳不应有破损和漏电。

（3）对带开关的灯头，开关手柄不应有裸露的金属部分。

（4）对装有白炽灯泡的吸顶灯具，灯泡不应紧贴灯罩；当灯泡与绝缘台之间的距离小于 5mm 时，灯泡与绝缘台之间应采取隔热措施。

3. 灯具的安装要求

（1）采用钢管作为灯具的吊杆时，钢管内径不应小于 10mm；钢管壁厚度不应小于

1.5mm。

（2）吊链灯具的灯线不应受拉力，灯线应与吊链编织在一起。

（3）软线吊灯的软线两端应做保护扣，两端芯线应搪锡。

（4）同一室内或场所成排安装的灯具，其中心线偏差不应大于 5mm。

（5）日光灯和高压汞灯及其附件应配套使用，安装位置应便于检查和维修。

（6）灯具固定应牢固可靠。每个灯具固定用的螺钉或螺栓不应少于 2 个；当绝缘台直径为 75mm 及以下时，可采用 1 个螺栓或螺钉固定。

4．节能灯照明线路的安装

（1）确定安装要求和安装方案，准备好所需材料。

（2）检查元件，如灯泡灯头、开关及插座等。

（3）按照布线工艺，定位后布线。

（4）灯座的安装。常用灯座的耐压为 250V，型号可按要求选择。灯座有螺口和插口两种样式，根据安装形式不同又分为平灯座和吊灯座。

① 平灯座的安装。

将圆木按灯座穿线孔的位置钻孔，直径为 5mm，并将圆木边缘开出缺口，剥去进入圆木护套线的护套层，将线穿入圆木的穿线孔，穿出孔后的导线长度一般为 50mm，根据圆木固定孔的位置，用木螺钉将圆木固定在原先做好记号的位置上。做好羊角圈，连接在接线端上拧紧，然后用木螺钉将灯座固定在圆木上。

② 吊灯座的安装。

吊灯必须用两根绞合的软线或花线作为与挂线盒的连接线，两端均应将线头绝缘层剥去，将上端塑料软线穿入挂线盒盖，孔内打个结，使其能承受吊灯的重量，然后进行电源线的连接。

5．开关的安装

开关有明装和暗装之分。暗装开关一般在土建工程施工过程后安装。明装开关一般安装在木台上或墙壁上。

 知识拓展

导线的连接

导线一般由铜或铝制成，也有用银线制成的，用来传导电流或导热。导线连接是电工作业的一道基本工序，也是十分重要的工序。导线连接的质量直接关系到整个线路能否安全可靠地长期运行。导线连接的基本要求是连接后连接部分的电阻值不大于原导线的电阻值，连接部分的机械强度不小于原导线的机械强度。

1. 单股铜芯导线的直线连接

（1）先将两根导线的芯线线头成 X 形相交，如图 4-2-13 所示。

（2）互相绞合 2～3 圈后扳直两线头，如图 4-2-14 所示。

图 4-2-13　两根导线的芯线线头成 X 形相交　　图 4-2-14　互相绞合 2～3 圈后扳直两线头

（3）将每个线头在另一芯线上紧贴并绕 6 圈，用钢丝钳切去余下的芯线，并钳平芯线末端，如图 4-2-15 所示。

图 4-2-15　将每个线头在另一芯线上紧贴并绕 6 圈

2. 单股铜芯导线的 T 字形连接

（1）将支路芯线的线头与干线芯线十字相交，在支路芯线根部留出 5mm，然后顺时针方向缠绕 6～8 圈后，用钢丝钳切去余下的芯线，并钳平芯线末端，如图 4-2-16 所示。

（2）小截面的芯线可以不打结，如图 4-2-17 所示。

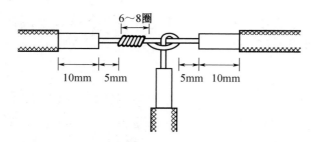
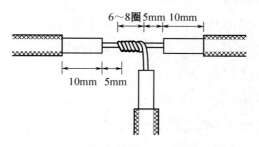

图 4-2-16　单股铜芯导线的 T 字形连接（一）　　图 4-2-17　单股铜芯导线的 T 字形连接（二）

3. 双股线的对接

将两根双芯线线头剖削成如图 4-2-18 所示的样式。连接时，将两根待连接的线头中颜色一致的芯线按小截面直线连接方式连接。用相同的方法将另一颜色的芯线连接在一起，如图 4-2-18 所示。

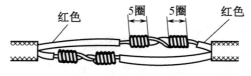

图 4-2-18　双股线的对接

4. 多股铜芯导线的直线连接

以七股铜芯导线为例说明多股铜芯导线的直线连接方法。

（1）如图 4-2-19 所示，先将剥去绝缘层的芯线头散开并拉直，再把靠近绝缘层 1/3 线段的芯线绞紧，然后把余下的 2/3 芯线头按图示分散成伞状，并将每股芯线拉直。

（2）把两伞骨状线端隔根对插，必须相对插到底，如图 4-2-20 所示。

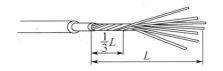

图 4-2-19　剥去绝缘层的芯线头散开并拉直　　　图 4-2-20　两伞骨状线端隔根对插

（3）捏平插入后两侧的所有芯线，并理直每股芯线，使每股芯线的间隔均匀；同时用钢丝钳钳紧插口处消除空隙，如图 4-2-21 所示。

（4）先在一端把邻近两股芯线在距插口中线约三根单股芯线直径宽度处折起，并形成 90°，如图 4-2-22 所示。

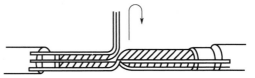

图 4-2-21　钳紧对插后两侧的所有芯线　　　图 4-2-22　两股芯线折起并成 90°

（5）接着把这两股芯线按顺时针方向紧缠 2 圈后，再折回 90°，并平卧在折起前的轴线位置上，如图 4-2-23 所示。

（6）接着把处于紧挨平卧前邻近的两股芯线折成 90°，并按步骤（5）的方法加工，如图 4-2-24 所示。

图 4-2-23　两股芯线按顺时针方向紧缠 2 圈后，　图 4-2-24　紧挨平卧前邻近的两股芯线折成 90°
　　　　　　再折回 90°并平卧

（7）把余下的三股芯线按步骤（5）的方法缠绕至第 2 圈时，把前四股芯线在根部分别切断，并钳平；接着把三股芯线缠足 3 圈，然后剪去余端，钳平切口不留毛刺，如图 4-2-25 所示。

（8）另一侧按步骤（4）～（7）方法进行加工，如图 4-2-26 所示。

图 4-2-25　三股芯线缠足 3 圈、芯线钳平无余端　　　图 4-2-26　加工处理

5. 多股铜芯导线的 T 字形连接

以七股铜芯线为例说明多股铜芯导线的 T 字形连接方法。

（1）将分支芯线散开并拉直，再把紧靠绝缘层 1/8 线段的芯线绞紧，把剩余 7/8 的芯线分成两组，一组四股，另一组三股，排齐。用旋凿把干线的芯线撬开分为两组，再把支线中四股芯线的一组插入干线芯线中间，而把三股芯线的一组放在干线芯线的前面，如图 4-2-27 所示。

（2）把三股线芯的一组在干线右边按顺时针方向紧紧缠绕 3～4 圈，并钳平线端；把四股芯线的一组在干线的左边按逆时针方向缠绕 4～5 圈，如图 4-2-28 所示。

（3）钳平线端，如图 4-2-29 所示。

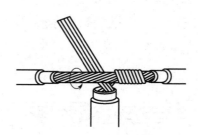

图 4-2-28　多股铜芯导线的 T 字形连接（b）

图 4-2-29　多股铜芯导线的 T 字形连接（c）

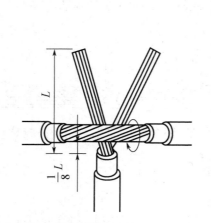

图 4-2-27　多股铜芯导线的 T 字形连接（a）

6. 不等径铜导线的对接

把细导线线头在粗导线线头上紧密缠绕 5～6 圈，弯折粗线头端部，使它压在缠绕层上，再把细线头缠绕 3～4 圈，剪去余端，钳平切口，如图 4-2-30 所示。

7. 单股线与多股线的 T 字分支连接

（1）在离多股线的左端绝缘层口 3～5mm 处的芯线上，用螺丝刀把多股芯线分成较均匀的两组（如七股线的芯线三、四分），如图 4-2-31 所示。

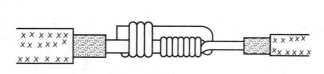

图 4-2-30　不等径铜导线的对接

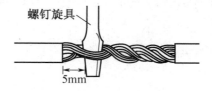

图 4-2-31　单股线与多股线的 T 字分支连接（a）

（2）把单股芯线插入多股芯线的两组芯线中间，但单股芯线不可插到底，应使绝缘层切口离多股芯线约 3mm 的距离。接着用钢丝钳把多股芯线的插缝钳平钳紧，如图 4-2-32 所示。

（3）把单股芯线按顺时针方向紧缠在多股芯线上，应使每圈紧挨密排，绕足 10 圈；然后切断余端，钳平切口毛刺，如图 4-2-33 所示。

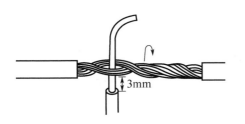

图 4-2-32　单股线与多股线的
T 字分支连接（b）

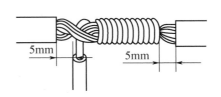

图 4-2-33　单股线与多股线的
T 字分支连接（c）

8. 软线与单股硬导线的连接

先将软线拧成单股导线，再在单股硬导线上缠绕 7～8 圈，最后将单股硬导线向后弯曲，以防止连接脱落，如图 4-2-34 所示。

图 4-2-34　软线与单股硬导线的连接

9. 铝芯导线用压接管压接

（1）接线前，先选好合适的压接管，清除线头表面和压接管内壁上的氧化层和污物，涂上中性凡士林，如图 4-2-35 所示。

（2）将两根线头相对插入并穿出压接管，使两线端各自伸出压接管 25～30mm，如图 4-2-36 所示。

图 4-2-35　铝芯导线用压接管压接（a）

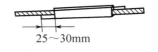

图 4-2-36　铝芯导线用压接管压接（b）

（3）用压接钳压接，如图 4-2-37 所示。

（4）如果压接钢芯铝绞线，则应在两根芯线之间垫上一层铝质垫片。压接钳在压接管上的压坑数目，室内线头通常为 4 个，室外通常为 6 个，如图 4-2-38 所示。

图 4-2-37　铝芯导线用压接管压接（c）

图 4-2-38　铝芯导线用压接管压接（d）

10. 铝芯导线用沟线夹螺栓压接

连接前，先用钢丝刷除去导线线头和沟线夹线槽内壁上的氧化层和污物，涂上凡士林锌膏粉（或中性凡士林），然后将导线卡入线槽，旋紧螺栓，使沟线夹紧紧夹住线头而完成连接。为防止螺栓松动，压紧螺栓上应套以弹簧垫圈，如图 4-2-39 所示。

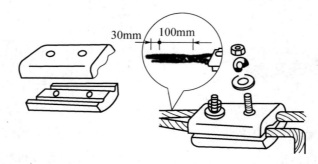

图 4-2-39　铝芯导线用沟线夹螺栓压接

 理论学习笔记

基 础 知 识
重 点 知 识
难 点 知 识
学 习 体 会

 知识巩固

一、单选题

1. 室内照明线路不能采用的导线是（　　）。

   A. 塑料护套线 　　　　　　　　　B. 单芯硬线

   C. 裸导线 　　　　　　　　　　　D. 棉编织物三芯护套线

2. 一个普通家庭电器的总功率为 4kW，一般选用的单相电能表的额定电流是（　　）。

A. 5A   B. 10A   C. 20A   D. 40A

3. 在下列现象中可判定为接触不良的现象是（　　　），可判定为电压太低的现象是
（　　　），可判定为漏电的现象是（　　　）。

A. 电器外壳带电   B. 电灯忽明忽暗

C. 日光灯启动困难   D. 电灯完全不亮

4. 两导线连接时，应将导线端头分别在另一根导线上密绕的圈数是（　　　）

A. 1 圈   B. 2 圈   C. 5 圈   D. 10 圈

二、填空题

1. 安装电灯实训中，是用万用表的_____挡来检测电路的通断；若显示为"1"，说明此时电路_____，若蜂鸣响起，说明此时电路_____。

2. 安装螺口灯座时，经过开关的相线必须与灯座的_____接线端连接。

3. 明线安装一盏白炽灯所必需的主要器件有_____、_____和_____。

学以致用

【技能实训 4-2】 家用照明电路安装

一、实训目的

1. 掌握常见家庭照明电路接线图。

2. 学会常用家庭照明灯具的安装工艺。

3. 掌握常用家庭照明灯具的安装技能。

二、实训器材

节能灯 3 个，与节能灯配套的灯座 3 个，双控开关 2 个，导线若干，20mm × 20mm 线槽，配电板 1 块，接线座和电源插座各 1 个，空气开关 1 个，万用表 1 块。

三、实训准备

1. 单控电路的安装。

单联单控开关的接线孔只有两个，把电源线与去灯头的控制线分别接入两个接线孔中即可（注意："联"指的是同一个开关面板上有几个开关按钮；"控"指的是其中开关按钮的控制方式，一般分为"单控"和"双控"两种）。单控开关在家庭电路中是最常见的，也就是一个开关控制一台或一组电器，根据所连电器的数量又可以分为单联单控、双联单控、三联单控、四联单控等多种形式。如厨房使用的单联单控开关，一个开关控制一组照

明灯光。在客厅可能会安装三个射灯，那么可以用一个三联单控开关来控制。

单联单控、三联单控照明电路如图 4-2-40 所示。

图 4-2-40　单联单控、三联单控照明电路

2．双控电路的安装。

用两个双控开关，在两个地方控制一盏灯，其电路如图 4-2-41 所示。这种形式通常用于楼梯或走廊上，在楼上楼下或走廊两端均可控制灯的接通和断开。

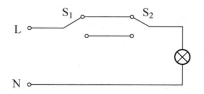

图 4-2-41　两地控制一盏灯电路

四、实训步骤

1．根据电路图在配电板上画出接线图，配电板常规尺寸如图 4-2-42 所示。

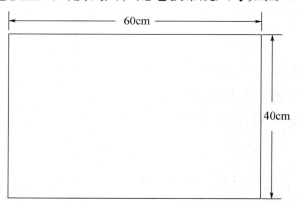

图 4-2-42　配电板常规尺寸

2．按清单配齐所用电气元件，并进行质量检验。电气元件应完好无损，各项技术指标应符合规定要求，否则应予以更换。

3．安装电气元件。将电气元件摆放均匀、整齐、紧凑、合理，用螺钉进行安装，并贴上醒目的文字符号。

4．工艺要求。

（1）紧固各元件时应用力均匀，紧固程度适当。用手轻摇，以确保其稳固。

（2）布线通道要尽可能减少。相线与中性线要分类清晰。

（3）同一平面内的导线要避免交叉。当必须交叉时，布线线路要清晰，便于识别。

（4）导线与接线端连接时，应不压绝缘层、不反圈及不露铜过长，并做到同一元件、同一回路的不同接点的导线间距离保持一致。

（5）布线时，严禁损伤线芯和导线绝缘。要确保连接牢靠，用手轻拉不会脱落或断开。

（6）检查布线。检验控制板布线的正确性。用万用表检查各连线的电气连接，保证连接正确，没有短路或断路。

五、实训考核评价（见表4-2-1）

表4-2-1　实训考核评价表

考核项目	评分标准	配分	得分
（一）装前检查	电气元件漏检或错检每处扣1分	5	
（二）安装	（1）不按布置图安装，扣15分 （2）元件安装不牢固，每个扣4分 （3）元件安装不整齐、不匀称、不合理，每个扣3分 （4）损坏元件，扣15分	15	
（三）接线	（1）不按电路图接线，扣20分 （2）布线不符合要求，每根扣3分 （3）接点松动、露铜过长等，每处扣1分 （4）损伤导线绝缘层或线芯，每根扣5分 （5）选用导线颜色错误，每根扣2分	40	
（四）通电	第一次通电不成功，扣20分 第二次通电不成功，扣30分	40	
（五）安全文明生产	违反安全文明生产规程，酌情扣10～40分		
总　分			

三相正弦交流电路

任务 1 三相正弦交流电的认识与检测

任务目标

1. 了解三相交流电的产生。
2. 了解三相交流电源及其连接。

知识准备

三相交流电

三相交流电也称动力电,目前发电及供电系统都采用三相交流电。在日常生活中所使用的交流电源,只是三相交流电中的一相。工厂生产所用的三相电动机是三相制供电。所谓三相制,就是由三个彼此独立而又具有特殊关系的电动势组成的供电系统。

三相交流供电系统在发电、输电和用电方面有以下优点。

(1)三相发电机比体积相同的单相发电机输出的功率大。

(2)三相发电机的结构不比单相发电机复杂多少,而使用、维护都比较方便,运转时比单相发电机的振动要小。

(3)在同样条件下输送同样大的功率时,特别是在远距离输电时,三相输电比单相输电电能损耗更小。

1. 三相交流电动势的产生

（1）单相交流发电机和三相交流发电机。

单相交流发电机：只有一个绕组，产生一个交变电动势。

三相交流发电机：有三个互成 120° 的绕组（分别用 U1-U2，V1-V2，W1-W2 表示），产生三个交变电动势，每个绕组产生交变电动势的原理与单相发电机的原理相同。三相交流发电机的原理示意图如图 5-1-1 所示，外形图如图 5-1-2 所示。

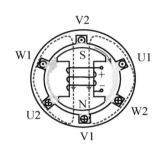

图 5-1-1 三相交流发电机的原理示意图

图 5-1-2 三相交流发电机的外形图

（2）三相交变电流的特点。

三个交变电动势的特点：频率相同、最大值相同、达到最大值的时刻依次落后三分之一个周期。

以 e_U 为参考正弦量，则三相电动势的瞬时表达式为

$$\begin{cases} e_U = E_m \sin \omega t \\ e_V = E_m \sin \left(\omega t - \dfrac{2\pi}{3} \right) \\ e_W = E_m \sin \left(\omega t + \dfrac{2\pi}{3} \right) \end{cases}$$

2. 三相交流电的相关概念

（1）三相交流电源（简称三相电源）：三个幅值相等、频率相同、相位互差 $\dfrac{2}{3}\pi$（120°）的单相交流电源按规定的方式组合而成的电源。

（2）三相交流电路（简称三相电路）：由三相交流电源与三相负载共同组成的电路。

（3）星形连接（也称为 Y 形连接）：连接方式如图 5-1-3 所示。电源对外有四根引出线，这种供电方式称为三相四线制。

（4）中性点：在图 5-1-3 所示三相四线制供电电源中，将三个绕组的尾端 U2、V2、W2 连接在一起的点即中性点。实际应用中常将该点接地，所以也称为零点。

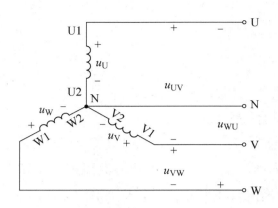

图 5-1-3　三相电源的星形连接

（5）中性线：从中性点（或零点）引出的导线称为中性线，俗称零线，用字母 N 表示。

（6）相线（端线）：从三个绕组的首端引出的导线，俗称火线。

（7）相电压：将负载连接到每相绕组两端（即连接在相线和中性线之间），负载可得到的电压为相电压，用 U_P 表示。其正方向规定由绕组首端指向尾端，其瞬时值表达式为

$$u_U = \sqrt{2}U_P \sin \omega t$$

$$u_V = \sqrt{2}U_P \sin(\omega t - \frac{2}{3}\pi)$$

$$u_W = \sqrt{2}U_P \sin(\omega t + \frac{2}{3}\pi)$$

其波形图和矢量图如图 5-1-4 所示。

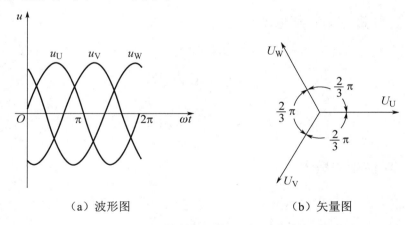

（a）波形图　　　　　　　　（b）矢量图

图 5-1-4　三相电源相电压波形图和矢量图

（8）线电压：将负载连接到两相绕组相线之间（任意两根相线之间），负载得到的电压为线电压，用 U_L 表示。

（9）相电压和线电压关系为 $U_L = \sqrt{3}U_P$。

（10）三相三线制供电：只将三相绕组按星形连接但并不引出中性线的供电方式。

（11）三相五线制供电：如图 5-1-5 所示，目前，许多新建的民用建筑在配电布线时，已采用三相五线制，设有专门的保护接地线（即图中所示的地线）。

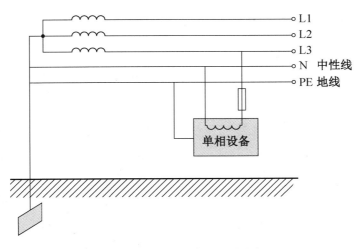

图 5-1-5 三相五线制供电

 理论学习笔记

基 础 知 识

重 点 知 识

难 点 知 识

学 习 体 会

三相电能表结构与接线方法

三相电能表（见图 5-1-6）是由单相电能表发展而成的，三相电能表和单相电能表的区别在于每个三相电能表都有两组或三组驱动元件，它们形成的电磁力作用于同一个转动元件上，并用一个计度器显示三相测定的电能，所有部件都安装在同一个表壳内。

三相电能表主要用来测量三相交流电路中电源输出或者负载消耗的电能,它主要包括测量机构、补偿调整装置和辅助部件。

一、三相电能表的分类

三相电能表按结构主要可以分为三相三线电能表、三相四线电能表。

1. 三相三线电能表

三相三线电能表有两组电磁元件,根据电磁元件安装的不同分为双转盘和单转盘两种,如图 5-1-7 所示。两元件双转盘式三相三线电能表的结构主要是两组电磁元件分别作用在同轴的每

图 5-1-6 三相电能表

个转盘上,该结构电能表电磁干扰小,质量小、摩擦力矩小,可以提高三相电能表的灵敏度和使用寿命。

2. 三相四线电能表

三相四线电能表有三组电磁元件,一个转动结构,根据电磁元件安装的不同分为双转盘式和三转盘式,如图 5-1-8 所示。三元件双转盘式三相四线电能表的结构主要是三组电磁元件中的一组电磁元件单独作用在一个转盘上,其他两组电磁元件共同作用在另一个转盘上,两转盘同轴作用,该方式可减少相对误差,以及各相之间的电磁干扰和潜动力矩。

图 5-1-7 三相三线电能表

图 5-1-8 三相四线电能表

二、三相电能表安装接线方法

1. 三相四线电能表的接线方式

在实际工作中,供电所职工接触到的三相用电常是低压供电,使用的多为机械式三相四线电能表。三相电能表要按正相序接线。

（1）三相四线直接接入式。

三相四线直接接入式电能表接线图如图 5-1-9 所示，接线实物图如图 5-1-10 所示，三相四线直接接入式电能表接线示意图、电路原理图、接线位置图如图 5-1-11 所示。

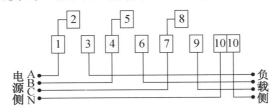

图 5-1-9　三相四线直接接入式电能表接线图

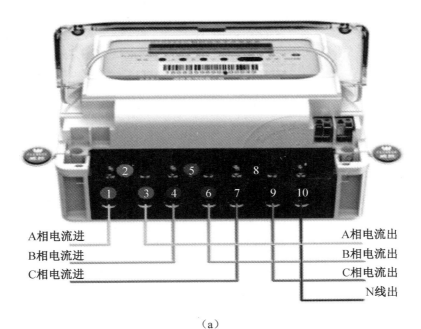

（a）

（b）

图 5-1-10　三相四线直接接入式电能表接线实物图

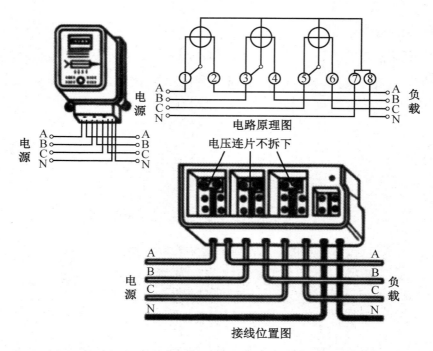

图 5-1-11　三相四线直接接入式电能表接线示意图、电路原理图、接线位置图

（2）三相四线经电流互感器接入式。

翻开接线端子盖，就可以看到三相四线经电流互感器接入式电能表的接线图如图 5-1-12 所示。

1、4、7 端接电流互感器二次侧 S1 端，即电流进线端；

3、6、9 端接电流互感器二次侧 S2 端，即电流出线端；

2、5、8 端分别接三相电源；

10 端是接中性线端。为了安全，应将电流互感器 S2 端连接后接地。

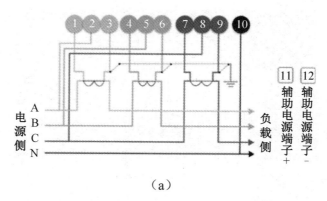

（a）

图 5-1-12　三相四线经电流互感器接入式电能表的接线图

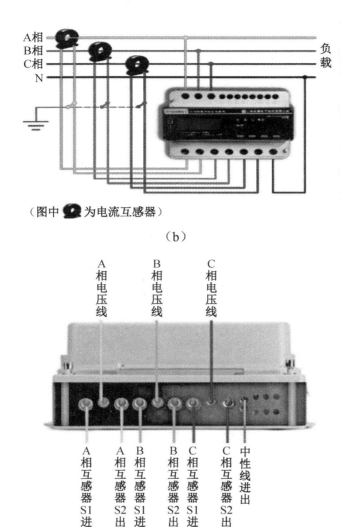

（图中 为电流互感器）

（b）

（c）

图 5-1-12 三相四线经电流互感器接入式电能表的接线图（续）

【注意】各电流互感器的电流测量取样必须与其电压取样保持同相，即 1、2、3 端为一组；4、5、6 端为一组；7、8、9 端为一组。

2. 三相三线电能表的接线方式

在电力系统中，根据安全运行的需要，变压器的中性点分为直接接地、不接地和不完全接地三种情况。三相三线有功电能计量方式广泛用于电力系统和电力用户的电能计量，它所计量的电能所占比例较大，三相三线电能表属于重要的电能计量装置。

三相三线电能表的接线方式主要分为两种，一种是直接接入式，另一种是经互感器接入式。

（1）三相三线直接接入式。

三相三线电能表使用没有中性线系统的三相电能计量，不论负载的性质和负载是否平衡，均能计量，三相三线直接接入式电能表接线图如图 5-1-13 所示。

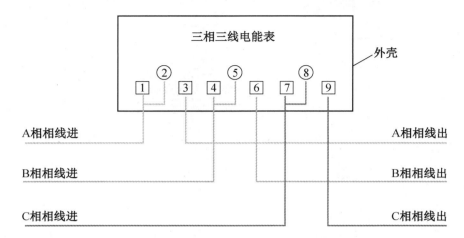

图 5-1-13　三相三线直接接入式电能表接线图

（2）三相三线经互感器接入式。

三相三线经互感器接入式电能表接线图如图 5-1-14 所示。

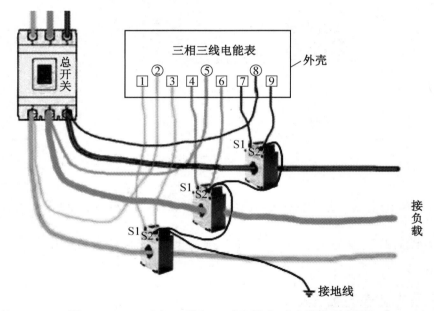

图 5-1-14　三相三线经互感器接入式电能表接线图

三相电能表计量的是 380V 电压的三根相线的"耗电量之和"，主要用在关口电能计量，工矿商业企业等大的用电单位，一般都安装在高压线路中。

根据场合需要可选择三线、四线或五线几种连接方式：

三线——三根相线（没有中性线 N 和地线 PE）。

四线——三根相线 + 一根中性线 N（TN-C 系统）。

五线——三根相线 + 一根中性线 N+ 一根地线 PE（TN-S 系统）。

一般，三相四线制是指有 A 相、B 相、C 相、中性线 N。A 相线用黄色，B 相线用绿色，C 相线用红色，中性线 N 用淡蓝色（或黑色），地线 PE 用黄绿双色。

三、电能表报警灯亮的原因

家庭智能电能表的报警灯长亮可能是电表出了问题，也有可能是用电不符合标准。报警原因很多：缺相、失流失压、逆向序、电池报警等，当然不排除电能表本身的原因，有可能是报警灯的电路出现了问题，此时也会出现报警灯常亮的现象。

排除故障的方法如下。

（1）首先要正确区分电能表的灯光显示是报警作用还是带电显示作用。

（2）如果是报警作用的灯亮，那么说明有故障存在，需要消除故障后，才会熄灭，这一般需要人工方式介入。

故障一般有欠费、电池欠压、远控系统动作、缺相、失压等，如果是欠费，需要交电费；如果是电池欠压，需要更换电池；如果是远控系统动作、缺相、失压等，需要拨打电力部门报修服务电话来解决。

（3）如果是带电显示作用的灯亮，那么只要有电源时，灯就会一直亮着或者一直周期性闪亮，这属于正常显示，可不用理会。

理论学习笔记

基 础 知 识

重 点 知 识

难 点 知 识

学 习 体 会

 **知识巩固**

一、填空题

1. 三相电能表安装接线方法有_____、_____和_____。

2. 三相四线制是指有 A 相、B 相、C 相、中性线 N。A 相线用_____色，B 相线用_____色，C 相线用_____色，中性线 N 用_____色(或_____色)，地线 PE 用_____双色。

3. 由三根_____线一根_____线所组成的供电线路，称为三相四线制电网。电动势到达最大值的先后次序称为_____。

4. 三相四线制供电系统可输出两种电压供用户选择，即_____电压和_____电压。这两种电压的数值关系是_____。

5. 三相对称电压就是三个频率_____、幅值_____、相位互差_____的三相交流电压。

6. 三相电源的相序有_____和_____之分。

7. 三相电源相线与中性线之间的电压称为_____。

8. 三相电源相线与相线之间的电压称为_____。

9. 有中性线的三相供电方式称为_____。

10. 无中性线的三相供电方式称为_____。

11. 在三相四线制的照明电路中，相电压是_____V，线电压是_____V。

12. 在三相四线制电源中，线电压等于相电压的_____倍。

13. 在三相四线制电源中，线电流与相电流_____。

二、单选题

1. 下列结论中错误的是（　　　）。

    A. 当负载星形连接时，必须有中性线

    B. 当三相负载越接近对称时，中性线电流就越小

    C. 当负载星形连接时，线电流必等于相电流

2. 三相四线制电源能输出（　　　）种电压。

    A. 4   B. 1   C. 3   D. 2

3. 在正序三相交流电源中，设 A 相电流为 $i_A = I_m \sin \omega t$ A，则 $i_B =$ （　　　）A。

    A. $I_m \sin(\omega t - 120°)$ B. $I_m \sin \omega t$

    C. $I_m \sin(\omega t - 240°)$ D. $I_m \sin(\omega t + 120°)$

4. 三相电源相电压之间的相位差是 120°，线电压之间的相位差是（　　　）。

    A. 180°   B. 90°   C. 120°   C. 60°

学以致用

【技能实训 5-1】 测量三相正弦交流电源的基本物理量

一、实训目的

1. 能够使用万用表测量三相正弦交流电源的电路参数。

2. 能够使用示波器测量三相正弦交流电源电压的周期、幅值（最大值）。

3. 能够使用示波器观察三相正弦交流电源电压波形的相位关系。

二、实训器材

通用示波器，万用表。

三、实训准备

1. 三相正弦交流电源是由三个频率相同、最大值相同、相位互差 120° 的单相交流电源按一定方式组合成的电源系统。

2. 三相正弦交流电源星形连接（也称为 Y 形连接），电源对外有四根引出线，这种供电方式称为三相四线制。

3. 三相正弦交流电源的三相四线制供电系统可提供两种等级的电压：线电压和相电压。其关系为：$U_L = \sqrt{3}\, U_P$。

4. 万用表和示波器的正确使用。

四、实训步骤

1. 熟悉示波器，掌握示波器的基本功能。

2. 用万用表测量三相交流电源的相电压和线电压，填写表 5-1-1，并找出其关系。

3. 用示波器测量三相交流电源电压的幅值及周期，填写表 5-1-2。

4. 用示波器观察三相交流电源电压的波形相位关系，并找出其相位关系，填写表 5-1-2。

表 5-1-1 测量三相正弦交流电源的相电压和线电压

仪器仪表	相电压（V）	线电压（V）	结　　论
万用表			

表 5-1-2 测量三相正弦交流电源电压的幅值、周期及相位关系

仪器仪表	物理量	U 相	V 相	W 相
示波器	幅值（V）			
	周期（s）			
结论一	三相正弦交流电源电压的幅值、周期的关系			

五、实训考核评价（见表5-1-3）

表 5-1-3　实训考核评价表

考核项目	考核要求	评分标准	配分	得分
（一）认识示波器	正确识别示波器操作面板上的功能键	识别完全正确（20分）	20	
（二）实训准备工作	实训前示波器操作正确	示波器操作面板上各功能键位置正确（20分）	20	
（三）用万用表测量电路的电压值	万用表使用正确；测量结果正确	操作正确（10分）；测量结果正确（10分）	20	
（四）用示波器测量电路的电压值	示波器使用正确；测量结果正确	操作正确（10分）；测量结果正确（10分）	20	
（五）实训结论	实训结论正确	实训结论正确（10分）	10	
（六）各种工具的维护	使用后完好无损	正确使用工具，用后完好无损（5分）；无事故发生（5分）	10	
总　分				

任务 2　三相负载的连接

任务目标

1. 掌握三相负载的星形连接。
2. 掌握三相负载的三角形连接。

知识准备

在日常生活和工程技术中，用电设备种类繁多，有的只需要单相电源供电即可正常工作，如照明灯具、家用电器等，此类电器称为单相负载；有的则需要三相电源供电才能正常工作，这样的负载称为三相负载，如三相交流异步电动机、三相电阻炉等。在日常生活用电中，相电压为220V，线电压为380V，即实际的三相发电机是星形（Y形）连接的。现以上述两种电压为例，说明不同类型的负载如何接入三相电源。

一、三相负载星形（Y形）连接

1. 三相负载

由三相电源供电的负载即三相负载。

2. 三相对称负载

三相负载每一相的阻抗是完全相同的（如三相交流电动机），这样的负载称为三相对称负载。

3. 三相不对称负载

三相负载每一相的阻抗是不相等的（如家用电器和电灯，这类负载通常按照尽量平均分配的方式接入三相交流电源）。三个单相负载分别连接在对应的相电压上，采用的是三相四线制供电方式。

两类三相负载星形连接如图 5-2-1 所示。

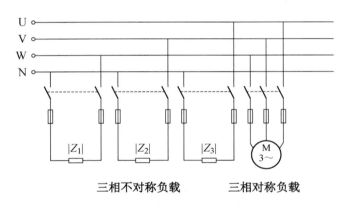

图 5-2-1　两类三相负载星形连接

4. 电压

负载星形连接时，其线电压与相电压的关系为

$$U_{YL} = \sqrt{3}\,U_{YP}$$

式中　U_{YL}——负载星形连接时的线电压；

　　　U_{YP}——负载星形连接时的相电压。

5. 电流

负载星形连接时，其线电流与相电流的关系为

$$I_{YL} = I_{YP}$$

式中　I_{YL}——线电流，三根端线上的电流。

　　　I_{YP}——相电流，流经负载的电流。

三相负载星形连接的每相负载都串在相线上，相线和负载通过同一个电流，所以各相

电流等于各线电流。三相四线制负载星形连接如图 5-2-2 所示。

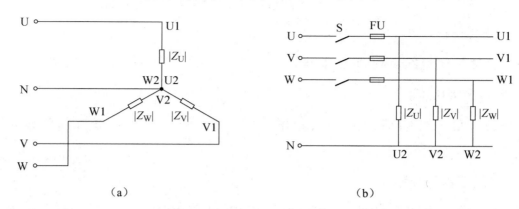

（a）   （b）

图 5-2-2　三相四线制负载星形连接

6. 电压与电流的关系

相电压与相电流服从欧姆定律

$$I_{YP} = \frac{U_{YP}}{|Z_P|}$$

式中　Z_P——每一相阻抗，单位为 Ω。

7. 中性线的作用

中性线电流为线电流（或相电流）的矢量和。

（1）对称负载下中性线可以省去不用。

对于三相对称负载，在三相对称电源作用下，三相对称负载的中性线电流等于零。对于电流的瞬时值，三相电流的代数和也为零，即

$$i_N = i_U + i_V + i_W = 0$$

电路可变成如图 5-2-3 所示的三相三线制负载星形连接。

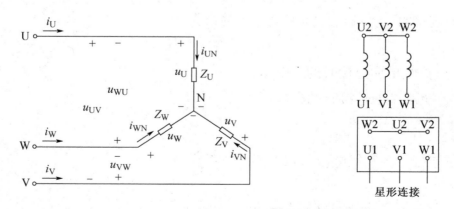

图 5-2-3　三相三线制负载星形连接

（2）三相负载不对称时中性线不可省去。

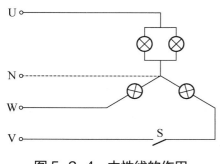

图 5-2-4　中性线的作用

三相负载不对称的情况举例：如图 5-2-4 所示为一般的生活照明线路，此时的负载为三相不对称负载的星形连接，所以其中性线电流不为零，那么中性线也就不能省去，否则会造成负载无法正常工作。

在图 5-2-4 中，若线电压为 380V，中性线连接正常，虽然各相负载不对称，它们仍然能够正常工作。

如果没有中性线，就变成 U 相和 V 相白炽灯串联后连接在线电压 U_{UV} 上，V 相白炽灯所分得的电压超过其额定值 220V 而特别亮，而 U 相白炽灯所分得的电压会低于额定值而发暗。若长时间使用，会使 V 相白炽灯烧毁，进而导致 U 相白炽灯也因电路不通而熄灭。

在三相四线制供电线路中，中性线上不允许安装熔断器等短路或过流保护装置。

负载星形连接电路示意图如图 5-2-5 所示。

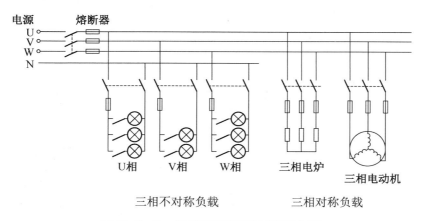

图 5-2-5　负载星形连接电路示意图

二、对称负载的三角形（△形）连接

如图 5-2-6 所示为对称负载三角形连接图和电路图。

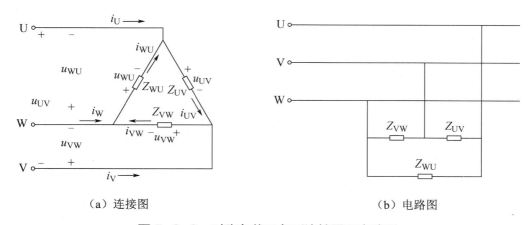

（a）连接图　　　　　　　　　　　（b）电路图

图 5-2-6　对称负载三角形连接图和电路图

1. 电压

负载三角形连接时，其线电压与相电压的关系为

$$U_{\triangle L} = U_{\triangle P}$$

式中　$U_{\triangle L}$——负载三角形连接时的线电压；

　　　$U_{\triangle P}$——负载三角形连接时的相电压。

2. 电流

负载三角形连接时，其线电流与相电流的关系为

$$I_{\triangle L} = \sqrt{3} I_{\triangle P}$$

式中　$I_{\triangle L}$——线电流，三根端线上的电流；

　　　$I_{\triangle P}$——相电流，流经负载的电流。

3. 电压与电流的关系

相电压与相电流服从欧姆定律

$$I_{\triangle P} = \frac{U_{\triangle P}}{|Z_P|}$$

式中　Z_P——每一相阻抗，单位为 Ω。

 理论学习笔记

基 础 知 识

重 点 知 识

难 点 知 识

学 习 体 会

知识巩固

一、填空题

1. 在三相对称电路中，已知电源线电压的有效值为 380V，若负载星形连接，则负载相电压为_____V；若负载三角形连接，则负载相电压为_____V。

2. 在三相不对称负载电路中，中性线能保证负载的_____等于电源的_____。

3. 负载的连接方法有_____和_____两种。

4. 在三相对称负载三角形连接电路中，线电压与相电压_____。

5. 在三相对称负载三角形连接电路中，线电压为 220V，每相电阻均为 110Ω，则相电流 I_P=_____，线电流 I_L=_____。

6. 在三相四线制供电线路中，中性线上不许接_____、_____。

7. 当三相四线制电源的线电压为 380V 时，额定电压为 220V 的负载必须接成_____。

二、单选题

1. 下列结论中错误的是（   ）。

A. 当负载星形连接时，必须有中性线

B. 当三相负载越接近对称时，中性线电流就越小

C. 当负载星形连接时，线电流必等于相电流。

2. 若要求三相负载中各相电压均为电源相电压，则负载应接成（   ）。

A. 三角形   B. 星形无中性线   C. 星形有中性线

3. 若要求三相负载中各相电压均为电源线电压，则负载应接成（   ）。

A. 三角形连接   B. 星形有中性线   C. 星形无中性线

4. 三相对称交流电路的三相负载为三角形连接，当电源线电压不变时，三相负载换为星形连接，三相负载的相电流应（   ）。

A. 增大   B. 减小   C. 不变

5. 下列结论中错误的是（   ）。

A. 当负载三角形连接时，线电流为相电流的 $\sqrt{3}$ 倍。

B. 当三相负载越接近对称时，中性线电流就越小

C. 当负载星形连接时，线电流必等于相电流。

三、计算题

1. 一个三相对称负载，每相为 4Ω 电阻和 3Ω 感抗串联，星形连接，三相电源电压为 380V，求相电流和线电流的大小。

2. 有一个三相三线制供电线路，线电压为 380V，接入星形连接的三相电阻负载，每相电阻值都为 1000Ω。试计算：正常情况下，负载的相电压、线电压、相电流、线电流各为多少？

学以致用

【技能实训 5-2】 三相交流电路中电流、电压的测量 （三相负载星形连接）

一、实训目的

1. 了解三相负载的星形连接。
2. 掌握三相负载星形连接电路电流和电压的测量方法。
3. 验证三相负载星形连接电路相电流与线电流的关系。
4. 验证三相负载星形连接电路相电压与线电压的关系。
5. 了解中性线的作用。

二、实训器材

导线、毫安表、白炽灯、三相交流电源、万用表。

三、实训准备

1. 三相负载星形连接时：$U_{YL} = \sqrt{3}U_{YP}$，$I_{YL} = I_{YP}$。
2. 中性线不能开路，更不允许安装熔断器和开关，同时负载应尽量平均分配在各相负载上。

四、实训步骤

1. 按照图 5-2-7 所示在实训台上正确连接电路。负载选择三相对称负载。

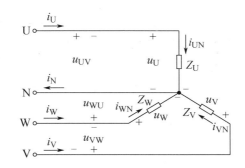

图 5-2-7　三相四线制三相负载星形连接电路

2．接通三相交流电源，观察电流表的示数，记录三相电路的电流值 I_U、I_V、I_W，填写表 5-2-1。

3．接通三相交流电源，观察电流表的示数，记录三相负载的电流值 I_{UN}、I_{VN}、I_{WN}，填写表 5-2-1。

4．用万用表测量各相负载两端的相电压值 U_U、U_V、U_W 并记录，填写表 5-2-1。

5．用万用表测量线电压 U_{UV}、U_{VW}、U_{WU} 并记录，填写表 5-2-1。

6．断开电路中的中性线，重复上述步骤，将数据记录在表 5-2-1 中。

7．将负载调整为三相不对称负载，重复上述步骤，将数据记录在表 5-2-2 中。

表 5-2-1　三相对称负载星形连接电路的测量

序号	待测量	有中性线	无中性线
1	I_U（mA）		
2	I_V（mA）		
3	I_W（mA）		
4	I_{UN}（mA）		
5	I_{VN}（mA）		
6	I_{WN}（mA）		
7	U_U（V）		
8	U_V（V）		
9	U_W（V）		
10	U_{UV}（V）		
11	U_{VW}（V）		
12	U_{WU}（V）		
结论	相电流与线电流的关系		
	相电压与线电压的关系		
	中性线的作用		

表 5-2-2   三相不对称负载星形连接电路的测量

序号	待测量	有中性线	无中性线
1	I_U（mA）		
2	I_V（mA）		
3	I_W（mA）		
4	I_{UN}（mA）		
5	I_{VN}（mA）		
6	I_{WN}（mA）		
7	U_U（V）		
8	U_V（V）		
9	U_W（V）		
10	U_{UV}（V）		
11	U_{VW}（V）		
12	U_{WU}（V）		
结论	相电流与线电流的关系		
	相电压与线电压的关系		
	中性线的作用		

五、实训考核评价（见表 5-2-3）

表 5-2-3   实训考核评价表

考核项目	考核要求	评分标准	配分	得分
（一）实训电路的连接	电路连接正确	电路连接正确（10分）	10	
（二）用万用表测量电路的电流值	操作正确；测量结果正确	操作正确（15分）；测量结果正确（15分）	30	
（三）用万用表测量电路的电压值	操作正确；测量结果正确	操作正确（15分）；测量结果正确（15分）	30	
（四）实训结论	实训结论正确	实训结论正确（20分）	20	
（五）各种工具的维护	使用后完好无损	正确使用工具，用后完好无损（5分）；无事故发生（5分）	10	
总 分				

【技能实训 5-3】 三相正弦交流电路中电流、电压的测量（三相负载三角形连接）

一、实训目的

1. 了解三相负载的三角形连接。
2. 掌握三相负载三角形连接电路电流和电压的测量方法。
3. 验证三相负载三角形连接电路相电流与线电流的关系。
4. 验证三相负载三角形连接电路相电压与线电压的关系。

二、实训器材

导线、毫安表、白炽灯、三相交流电源、万用表。

三、实训准备

1. 三相对称负载三角形连接时：$U_{\triangle L} = U_{\triangle P}$ ， $I_{\triangle L} = \sqrt{3} I_{\triangle P}$ 。
2. 三角形连接电路线电流是星形连接电路线电流的 3 倍，即 $I_{\triangle L} = 3 I_{YL}$ 。

四、实训步骤

1. 按照图 5-2-8 所示在实训台上正确连接电路。负载选择三相对称负载。

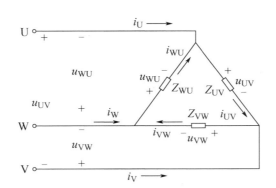

图 5-2-8 三相负载三角形连接电路

2. 接通三相交流电源，观察电流表的示数，记录三相电路的电流值 I_U 、 I_V 、 I_W ，填写表 5-2-4。

3. 接通三相交流电源，观察电流表的示数，记录三相负载的电流值 I_{UV} 、 I_{VW} 、 I_{WU} ，填写表 5-2-4。

4. 用万用表测量各相负载两端的相电压值 U_U、U_V、U_W，并记录在表 5-2-4 中。

5. 用万用表测量线电压 U_{UV}、U_{VW}、U_{WU} 并记录在表 5-2-4 中。

表 5-2-4　三相对称负载三角形连接电路的测量

序号	待测量	测量结果
1	I_U（mA）	
2	I_V（mA）	
3	I_W（mA）	
4	I_{UV}（mA）	
5	I_{VW}（mA）	
6	I_{WU}（mA）	
7	U_U（V）	
8	U_V（V）	
9	U_W（V）	
10	U_{UV}（V）	
11	U_{VW}（V）	
12	U_{WU}（V）	
结论	相电流与线电流的关系	
	相电压与线电压的关系	

五、实训考核评价（见表 5-2-5）

表 5-2-5　实训考核评价表

考核项目	考核要求	评分标准	配分	得分
（一）实训电路的连接	电路连接正确	电路连接正确（10 分）	10	
（二）用万用表测量电路的电流值	操作正确；测量结果正确	操作正确（15 分）；测量结果正确（15 分）	30	
（三）用万用表测量电路的电压值	操作正确；测量结果正确	操作正确（15 分）；测量结果正确（15 分）	30	
（四）实训结论	实训结论正确	实训结论正确（20 分）	20	
（五）各种工具的维护	使用后完好无损	正确使用工具，用后完好无损（5 分）；无事故发生（5 分）	10	
总　　分				

任务 3 常用的保护接地措施

任务目标

1. 了解常用的安全用电防护措施。
2. 掌握安全防护措施种类及适用范围。

知识准备

常用的安全用电防护措施

为防止发生触电事故，除注意开关必须安装在相线上及合理选择导线与熔断体外，还必须采取以下防护措施：

- 正确安装使用用电设备。
- 电气设备的保护接地。
- 电气设备的保护接零。
- 采用各种安全保护用具。

1. 正确安装使用用电设备

电气设备要根据说明和要求安装正确。带电部分必须有防护罩或放在不易接触到的高处。必要时采用联锁装置，以防触电。例如，家中新购入一台洗衣机，安装前应先仔细阅读说明书，按要求进行安装使用。

2. 电气设备的保护接地

（1）保护接地的基本概念。

将电动机、变压器、开关等电气设备的金属外壳用电阻很小的导线与接地体极可靠地连接起来的方式称为保护接地，如图 5-3-1 所示，此连接方式适用于中性点不接地的低压系统中。

（2）电气设备的保护接地。

在中性点不接地系统中，如接到这个系统上的某台电动机内部绝缘损坏使机壳带电，电动机又没有接地，由于线路和大地之间存在着分布电容，如果人体触及机壳，则将有如图 5-3-2 所示的危险。

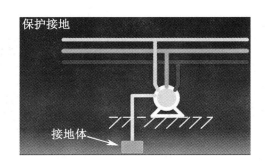

图 5-3-1 保护接地

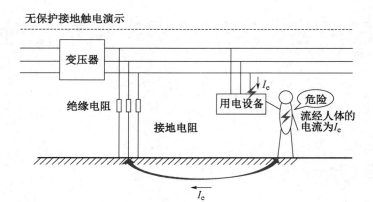

图 5-3-2　无保护接地触电演示图

如果电动机有了保护接地，如图 5-3-3 所示，保护接地的接地电阻一般是 4Ω 左右，则当人体碰触到一相因绝缘损坏已与金属外壳短路连接的金属外壳时，形成人体电阻（最坏情况下为 1000Ω 左右）和接地电阻并联的等效电路。由于接地电阻很小，起到了分流作用，因此通过人体的电流就会很小，避免了触电事故的发生。

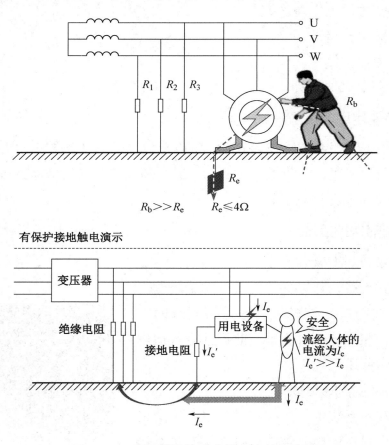

图 5-3-3　保护接地防止触电事故示意图

（3）重复接地。

将三相四线制的中性线上接地以外的一处或多处通过接地装置与大地再次连接，称为重复接地，如图 5-3-4 所示。

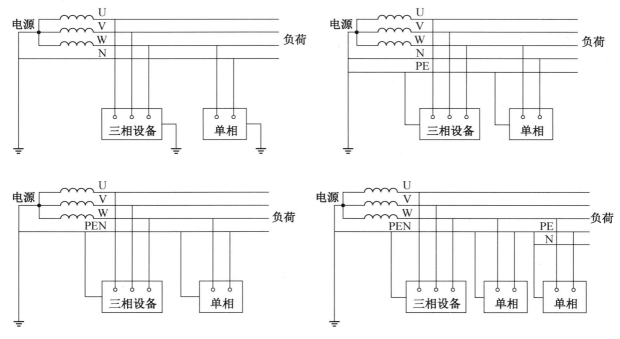

5-3-4 重复接地

重复接地在降低漏电设备对地电压、减轻中性线断线的危险性、缩短故障时间、改善防雷性能等方面起着重要作用。重复接地可以从中性线上直接接地，也可以从接中性线设备的外壳接地。以金属外壳作为中性线的低压电缆，要求重复接地。户外架空线路宜采用集中重复接地。车间内部宜采用环形重复接地。重复接地电阻值不大于 10Ω，我国南方地区气候潮湿要求不大于 4Ω。

重复接地就是在中性点直接接地的系统中，在干线中性线的一处或多处用金属导线连接接地装置。在低压三相四线制中性点直接接地线路中，施工单位在安装时，应将配电线路的干线中性线和分支线的终端接地，干线中性线上每隔 1km 做一次接地。对于接地点超过 30m 的配电线路，接入用户处的中性线仍应重复接地。

（4）保护接地的应用。

保护接地应用在中性点不接地的系统中。凡是在正常情况下不带电，而绝缘损坏碰壳短路或发生其他故障时，有可能带电的电气设备的金属部分及其附件都应采取接地保护，例如，电动机、变压器、照明器具等的金属外壳，电动工具或民用电器的金属外壳，电气设备的传动机构，架空线路的金属部分，配电装置的金属外壳等。

【想一想】小明家添了一台电冰箱，因为家中的三孔插座被其他家用电器占满，只能使用两孔插座。小明将电冰箱的三孔插头改为两孔插头，接通电源开始使用。他这种做法对吗?说明原因并提出改进措施。

3．电气设备的保护接零

（1）保护接零的基本概念。

将电气设备的金属外壳接到中性线上的方式称为保护接零，此方式适用于中性点接地的低压系统。如图 5-3-5 所示为某电动机的保护接零电路。

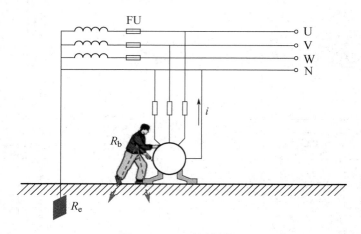

图 5-3-5　保护接零

必须指出，在同一电网中，不允许一部分设备接地，而另一部分设备接中性线。否则，若有人既接触到接地的设备外壳，又接触到接中性线的设备外壳，则人体将承受电源的相电压，这是很危险的。

保护接零的原理在于当设备发生漏电时，能迅速切断电源。其基本要求如下。

① 线路的阻抗不宜过大，以保证发生漏电时有足够大的断路电流，迫使线路上的保护装置迅速动作。

② 在用于保护接零的中性线或专用保护接地线上不得装设熔断器和开关。

③ 在同一供电系统中，不允许个别设备接地不接中性线，需要特别注意，由同一台变压器供电的采取保护接零的系统中，所有电气设备都必须同中性线连接起来，构成一个中性线网。避免当采用接地的设备一旦出现故障或外壳带电时，将使所有采取保护接零的设备外壳都带电而产生触电事故，如图 5-3-6 所示。

（2）漏电保护开关。

普通民用住宅的配电箱大多数采用熔断器作为保护装置。随着家用电器的日益增多，这类保护装置已不能满足安全用电的要求。当设备因绝缘不良引起漏电时，由于漏电流很小，不能使传统的保护装置（熔断器、自动空气开关等）动作，将可能发生触电事故。漏电保护开关（见图 5-3-7）就是针对这种情况近年来发展起来的新型漏电保护装置。漏电保护开关在检测与判断出漏电时，能切断故障电路。

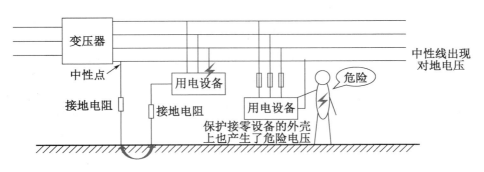

图 5-3-6 保护接零未形成中性网而产生触电事故示意图

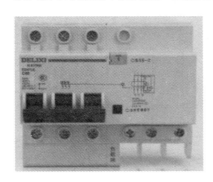

图 5-3-7 漏电保护开关

4．采用各种安全保护用具

要求电气作业人员必须严格遵守安全操作规程，并使用绝缘服、绝缘手套、绝缘鞋、绝缘钳、绝缘棒、绝缘垫等保护用具，如图 5-3-8 所示。

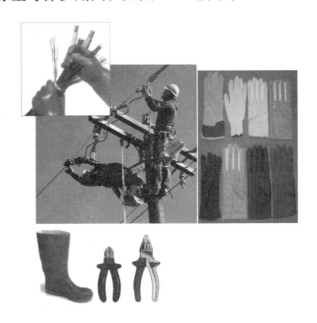

图 5-3-8 安全保护用具

【例题 5-3-1】在三相电路中为防止当中性线断线而失去保护接零的作用，应在中性线的多处通过接地装置与大地连接，这种接地称为（   ）。

【答案】重复接地

【解析】在中性点接地的电力线路中除变压器中性点接地以外，在中性线上一处或多处通过接地装置与大地再次连接称为重复接地。

【例题 5-3-2】三相插头三个插片中的中间插片长于其他两个，原因是（ ）。

    A．使插头更加稳固

    B．在电路连接中先接地，保证安全

    C．接触面积大，受力更均匀

    D．以上都不正确

【答案】B

 理论学习笔记

基 础 知 识
重 点 知 识
难 点 知 识
学 习 体 会

 知识巩固

一、填空题

1. 一般情况下规定安全电压为_____V 以下，人体通过_____mA 电流就会有生命危险。

2. 常见的触电方式有_____、_____和_____。

3. 在照明用电系统中，开关应接在_____上，洗衣机的金属外壳可靠保护

_____或保护_____。

二、单选题

1. 我国用电安全规定中把（　　）定为安全电压值。

    A．50V　　　　　　B．100V　　　　　　C．36V

2. 单相触电时，人体承受的电压是（　　）。

    A．线电压　　　　B．相电压　　　　　C．跨步电压

3. 安全保护措施，有保护接零和（　　）等。

    A．保护接地　　　B．减少电流　　　　C．减少电压

4. 在下列电流路径中，最危险的是（　　）。

    A．左手—前胸　　B．左手—双脚　　C．右手—双脚　　D．左手—右手

5. 人体电阻一般情况下取（　　）。

    A．1～10Ω　　　B．10～100Ω　　C．1～2kΩ　　D．10～20kΩ

6. 当电气设备采用了超过（　　）V的安全电压时，必须采取防直接接触带电体的保护措施。

    A．12　　　　　　B．24　　　　　　C．36　　　　　　D．48

单相交流异步电动机的控制

任务 1　单相交流异步电动机的认识与电路连接

> 单相交流异步电动机是靠 220V 单相交流电源供电的一类电动机，常用于家用电器和小型工业设备中。

任务目标

1. 掌握单相交流异步电动机的结构与分类。
2. 运用所学知识，掌握单相交流异步电动机的检测方法。
3. 通过学习电动机工作原理，能正确进行单相电容分相式交流异步电动机的电路连接。

知识准备

一、单相交流异步电动机的结构

单相交流异步电动机由定子、转子、机座、端盖、轴承、风扇、启动装置等部分组成，如图 6-1-1 所示。

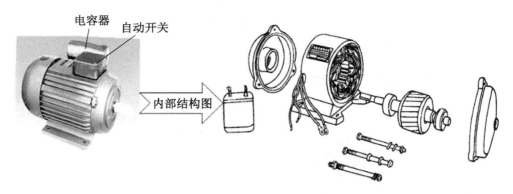

图 6-1-1 单相交流异步电动机的结构组成

1. 定子

定子部分主要由定子铁芯、定子绕组组成，其主要作用是通入交流电，产生旋转磁场。定子铁芯一般由 0.5mm 的硅钢片叠压而成。定子绕组分为主绕组和副绕组，主绕组又称运行绕组或工作绕组，副绕组又称启动绕组。

2. 转子

转子部分由转子铁芯、转子绕组、转轴等组成，其作用是导体切割旋转磁场，产生电磁转矩，拖动机械负载工作。转子铁芯一般由 0.5mm 的硅钢片叠压而成，绕组常为铸铝笼型。

3. 机座

机座一般用铸铁、铸铝或钢板制成，其作用是固定定子铁芯，并借助两端端盖与转子连成一个整体，使转轴上输出机械能。

4. 启动装置

启动装置的类型有很多，主要可分为离心开关和启动继电器两大类。常用的启动继电器有电压型、电流型、差动型三种。启动继电器一般装在电动机机壳上，维修、检查都很方便。

二、单相交流异步电动机的分类

根据工作原理，单相交流异步电动机可分为以下几类。

1. 电容运转式

单相电容运转式交流异步电动机应用非常广泛，如电风扇、洗衣机、电冰箱压缩机、空调压缩机等，其结构特征如下。

（1）定子绕组由主绕组（运行绕组，也叫工作绕组）和副绕组（启动绕组）组成。

（2）副绕组串接启动电容。

（3）电动机启动后副绕组继续通电工作。

单相电容运转式交流异步电动机实物图如图 6-1-2（a）所示，电气原理图如图 6-1-2（b）所示。

（a）实物图　　　　　　　　　　（b）电气原理图

图 6-1-2　单相电容运转式交流异步电动机

2. 电容启动式

单相电容启动式交流异步电动机主要用于日常使用的小型水泵、洗衣机、小型压缩机等场合。其结构特征如下。

（1）定子绕组由主绕组（运行绕组）和副绕组（启动绕组）组成。

（2）副绕组串接启动电容。

（3）电动机启动后，副绕组自动切断电源，不参与运行。

单相电容启动式交流异步电动机实物图如图 6-1-3（a）所示，电气原理图如图 6-1-3（b）所示。

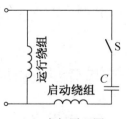

（a）实物图　　　　　　　　　　（b）电气原理图

图 6-1-3　单相电容启动式交流异步电动机

3. 电容启动运转式

单相电容启动运转式交流异步电动机（也叫单相双值电容交流异步电动机）主要用于生产一线中的空气压缩机、切割机、木工机床等场合。其结构特征如下。

（1）定子绕组由主绕组（运行绕组）和副绕组（启动绕组）组成。

（2）副绕组串接两个相互并联的电容器。

（3）电动机启动结束后自动切断一个电容器，留下一个电容器与副绕组串联继续通电工作。

单相电容启动运转式交流异步电动机实物图如图 6-1-4（a）所示，电气原理图如图 6-1-4（b）所示。

 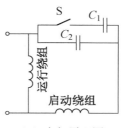

（a）实物图　　　　　　　　　　（b）电气原理图

图 6-1-4　单相电容启动运转式交流异步电动机

单相电容运转式交流异步电动机、单相电容启动式交流异步电动机和单相电容启动运转式交流异步电动机统称为单相电容分相式交流异步电动机。

4. 电阻分相式

单相电阻分相式交流异步电动机的定子绕组包括主绕组和副绕组，主绕组电阻小、电感大，副绕组电阻大、电感小，通电时在两个绕组中的电流有一定的相位差，从而产生较小的启动转矩。常用于小型鼓风机、医疗器械、搅拌机等设备中。

单相电阻分相式交流异步电动机实物图如图 6-1-5（a）所示，电气原理图如图 6-1-5（b）所示。

 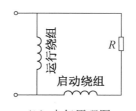

（a）实物图　　　　　　　　　　（b）电气原理图

图 6-1-5　单相电阻分相式交流异步电动机

5. 罩极式

单相罩极式交流异步电动机只有一个定子绕组，在铁芯磁极上套有铜环（短路环），用于电动机的启动。转子采用笼型斜槽铸铝材料。常用于冰箱、冰柜的散热风机等场合。外形如图 6-1-6 所示。

图 6-1-6　单相罩极式交流异步电动机

三、单相交流异步电动机的铭牌

单相双值电容异步电动机			
型号	YL90S2	出厂编号	340
额定转速	2800r/min	额定功率	1500W
额定电压	220V	额定频率	50Hz
额定电流	9.44A	电容值	35μF/150V
防护等级	IP44	绝缘等级	B级
接线方式		出厂日期	2022年1月
××××电机厂制造			

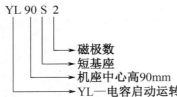

YL 90 S 2
→ 磁极数
→ 短基座
→ 机座中心高90mm
→ YL—电容启动运转式（YY—电容运转式、YC—电容启动式、YU—电阻分相式、YJ—罩极式）

额定值的含义如下。

（1）额定电压 U_N：额定运行时，加在定子绕组上的电压。

（2）额定电流 I_N：额定运行时，定子绕组上通过的电流。

（3）额定功率 P_N：额定运行时，电动机的输出功率。

（4）额定转速 n_N：额定运行时，电动机的转子转速。

（5）额定频率 f：额定运行时，规定的电源频率。

理论学习笔记

基 础 知 识

重 点 知 识

难 点 知 识

学 习 体 会

知识巩固

一、填空题

1. 单相交流异步电动机主要由_____、_____、机座、端盖、轴承、风扇、启动装置等部分组成。

2. 单相交流异步电动机一般有两个绕组，主绕组也叫_____绕组，副绕组也叫_____绕组。

3. 启动电容器一般串接在_____绕组上。

4. _____电动机只有一个定子绕组，没有转子绕组。

二、单选题

电动机的额定功率是指（　　　）。

A. 额定运行时的输入功率　　　　B. 额定运行时的输出功率

C. 电源输入电动机的功率　　　　D. 电动机的电磁功率

学以致用

【技能实训6-1】 波轮式洗衣机电动机的检测与电路连接

一、实训目的

1. 掌握单相交流异步电动机的检测。

2. 掌握单相交流异步电动机的电路连接。

二、实训器材

常用电工工具 1 套；波轮式洗衣机 1 台。

三、实训准备

1. 波轮式洗衣机电动机和电容器的认识。

双桶波轮式洗衣机使用了两个单相电容分相式交流异步电动机，每个电动机都需要电容器分相。电动机和电容器外形分别如图 6-1-7（a）、（b）所示。电动机有三根引线，两个绕组端加一个公共端。洗衣机电容器一般两个合制在一起，四根引线，洗涤电动机电容器容量为 10～12μF，脱水电动机电容器容量为 5～6μF。

（a）电动机

（b）电容器

图 6-1-7 洗衣机电动机和电容器

2. 波轮式洗衣机电动机的电路组成。

（1）脱水电动机单向运行，电路如图 6-1-8 所示，电路中 C 是分相电容器，L_1 是启动绕组（副绕组），与电容器 C 串联，L_2 是运行绕组（主绕组）。

（2）洗涤电动机可以正反向运行，电路如图 6-1-9 所示。由于洗涤电动机需要正反向运行，所以两个绕组没有主绕组与副绕组之分，是完全对称的，只是在结构上电角度相差 90°，实现分相。工作中，若开关 K 打到 a 位置，则电容器 C 与 L_2 串联，L_2 是副绕组，L_1 是主绕组，这时电动机正向运行；反之，若开关 K 打到 b 位置，则电容器 C 与 L_1 串联，L_1 是副绕组，L_2 是主绕组，这时电动机反向运行。实际使用中由洗衣机定时开关实现正反转自动切换。

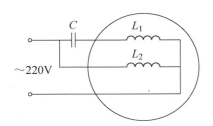 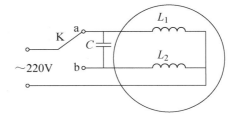

图 6-1-8　脱水电动机电路　　　　　　图 6-1-9　洗涤电动机电路

3．洗衣机电动机和电容器的检测。

（1）洗衣机电动机的两个绕组，每个绕组的直流电阻约几百欧姆，可以用万用表检测。先用万用表找出公共端和两个绕组端：电动机外面有三根引线，任选两根检测直流电阻，三次检测中，阻值最大的那次，万用表两个表笔所接的就是两个绕组端，剩下的那个就是公共端。两个绕组中，副绕组阻值比主绕组阻值略大。

（2）洗衣机电容器的检测：用万用表大电阻挡检测电容器，如果能观察到充电过程，则表明电容器是完好的。如果测得阻值很小，则说明电容器严重漏电；若电阻挡始终显示阻值为无穷大，则证明电容器开路。

四、实训步骤

1．波轮式洗衣机电动机的检测。

用万用表检测洗衣机电动机的两个绕组的直流电阻，将数据记录在表 6-1-1 中，并辨别出主绕组端、副绕组端、公共端。

表 6-1-1　波轮式洗衣机电动机的检测

主绕组阻值	副绕组阻值
主绕组端为（　　）色，副绕组端为（　　）色，公共端为（　　）色。	

2．搭建洗衣机脱水电动机控制电路。

画出洗衣机脱水电动机控制电路，并根据电路图搭建电路，经检查无误后通电测试，要求电动机能正常运行。

3．搭建洗衣机洗涤电动机控制电路。

画出洗衣机洗涤电动机控制电路，并根据电路图搭建电路，经检查无误后通电测试，要求电动机能正常运行，并实现定时正反转切换。

五、实训考核评价（见表6-1-2）

表6-1-2　实训考核评价表

考核项目		评分标准	配分	得分
（一）电动机检测		（1）绕组阻值检测数据错误，每处扣2分 （2）不能区分公共端、主绕组端、副绕组端，每处扣5分	20	
（二）电路图	洗涤电动机	（1）元器件错误，每处扣2分 （2）导线没有横平竖直，每处扣2分 （3）没有实现功能，扣1～5分	10	
	脱水电动机	（1）元器件错误，每处扣2分 （2）导线没有横平竖直，每处扣2分 （3）没有实现功能，扣1～5分	10	
（三）电路搭建	洗涤电动机	（1）少接一个元器件，每处扣2分 （2）接线错误，每处扣2分	10	
	脱水电动机	（1）少接一个元器件，每处扣2分 （2）接线错误，每处扣2分	10	
（四）电路功能实现	洗涤电动机	（1）电动机不能运行，扣10分 （2）不能实现正反转切换，扣10分	20	
	脱水电动机	电动机不能运行，扣10分	10	
（五）职业素养与安全		（1）没穿工作服、绝缘鞋，没戴安全帽，各扣1分 （2）工位不整洁，工具摆放不整齐，操作完成后不整理工位，各扣1分 （3）不能正确使用工具，扣1～2分 （4）操作中违反电气安全规则，扣1～2分 （5）操作中影响到他人工作，扣1～2分	10	
总　分				

任务 2 单相交流异步电动机的调速控制

> 单相交流异步电动机的调速方式常见的有：电抗器调速、抽头式调速、电容调速和电子调速等，常用于电风扇电路。

任务目标

1. 理解单相交流异步电动机的调速方式与调速电路结构组成。
2. 理解电风扇的电路组成与电气工作原理。
3. 掌握电风扇的拆装与检修方法。

知识准备

一、认识电风扇电动机

电风扇电动机一般为单相电容运转式交流异步电动机，常用台扇、落地扇电动机外形如图 6-2-1（a）所示，常用吊扇电动机如图 6-2-1（b）所示，电风扇电容器如图 6-2-1（c）所示，容量一般为 1～2.5μF。

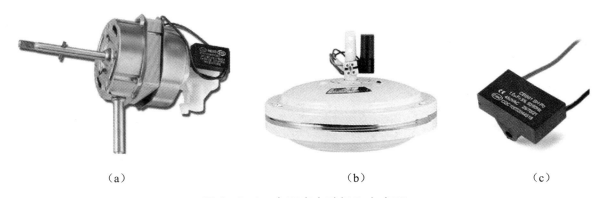

（a）　　　　　　　　　　　　（b）　　　　　　　　　　　　（c）

图 6-2-1　电风扇电动机和电容器

二、电风扇的电路组成

电风扇常用的调速方法有：电抗器调速、抽头式调速、电容调速和电子调速。

1. 台扇、落地扇控制电路

台扇、落地扇控制电路由发条式定时器、用于调速的琴键开关、摇头机构以及电源指示灯等元件组成。这种电路采用绕组抽头式调速。绕组抽头式调速电风扇控制电路如图 6-2-2 所示。

琴键开关是台扇和落地扇的调速开关，外形如图 6-2-3 所示，按下相应挡位开关，则该挡位开关接通，与它连接的绕组接入电路工作。

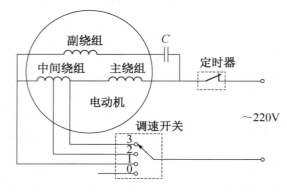 

图 6-2-2　绕组抽头式调速电风扇控制电路　　　　图 6-2-3　琴键开关

电风扇的摇头是通过摇头机构实现的，常见的有两种方式。

（1）蜗轮蜗杆机构：通过转子轴上的蜗杆，与配套的蜗轮形成咬合，蜗轮上有一个偏心轴，偏心轴带动连杆做前后运动，从而带动风扇头做左右摆动，实现摇头。其外形如图 6-2-4（a）所示。

（2）同步电动机：同步电动机通过减速器，带动连杆机构实现摇头。其外形如图 6-2-4（b）所示。

（a）蜗轮蜗杆机构　　　　　　　　　　　　　（b）同步电动机

图 6-2-4　电风扇摇头机构

2. 吊扇控制电路

吊扇控制电路常见的有电抗器调速和电子调速两种。

（1）电抗器调速：通过挡位开关，把不同的电感串联在电路中，实现调速。电路如图 6-2-5 所示。

（2）电子调速：这是一种无级调速方式，通过改变双向晶闸管的导通角来改变电动机两端的电压，达到无级调速的目的，属于无触点控制电路。电路如图6-2-6所示。

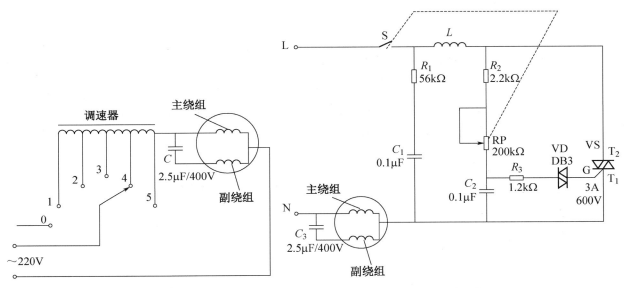

图 6-2-5 电抗器调速电风扇电路   图 6-2-6 可控硅电子调速电风扇电路

 理论学习笔记

基 础 知 识
重 点 知 识
难 点 知 识
学 习 体 会

 知识巩固

一、单选题

1. 电风扇电动机一般为（　　　）。

  A. 单相电容启动式交流异步电动机　　 B. 单相电容运转式交流异步电动机

  C. 单相电阻分相式交流异步电动机　　 D. 单相罩极式交流异步电动机

2. 下列哪个电容器适合作为电风扇的分相电容器？（　　　）

  A. 1.2μF/16V　　 B. 1.2μF/100V

  C. 1.5μF/400V　　 D. 100μF/400V

3. 琴键开关控制的电风扇，一般采用（　　　）调速。

  A. 电感　　 B. 电容

  C. 双向可控硅　　 D. 绕组抽头式

4. 检测落地扇电动机绕组，测得两根引线之间的电阻值为 25MΩ，则说明这两根线之间的绕组（　　　）。

  A. 正常　　 B. 短路　　 C. 开路　　 D. 严重漏电

5. 电风扇电动机定子与转子之间的空气间隙很小，一般控制在（　　　）mm 以下，装配时须十分小心。

  A. 1　　 B. 2　　 C. 3　　 D. 5

二、简答题

1. 电风扇常用的调速方式有哪些？

2. 电风扇通电后不运行，请说明故障原因及检修方法。

3. 电风扇通电后，转速总是很慢，请说明故障原因及检修方法。

【技能实训 6-2】 电风扇的拆装与检修

一、实训目的

1. 能正确拆卸与安装台扇或落地扇。
2. 能用万用表正确检测电风扇的电动机、电容器、定时器、调速器。
3. 能维修电风扇的一般故障。

二、实训器材

常用电工工具 1 套；台扇（落地扇）1 台；润滑油 1 瓶。

三、实训准备

1. 电风扇电动机的检测。

台式电风扇（台扇）电动机一般有 5 根引线，正常情况下，全部都应该是相互导通、有一定阻值的，阻值一般为几十至几百欧姆。如果万用表检测到某根线与其他线之间的阻值为无穷大，则说明这根线对应的绕组开路。

2. 电风扇电容器的检测。

用万用表大电阻挡检测电容器，如果能观察到充电过程，则表明电容器是完好的。如果测得的阻值很小，则说明电容器严重漏电；若电阻挡始终显示阻值为无穷大，则证明电容器开路。

3. 定时开关的检测。

用万用表蜂鸣挡检测，定时开关断开时阻值为无穷大，接通时阻值为零即正常。

4. 琴键开关的检测。

用万用表蜂鸣挡检测，分别将琴键开关的每个挡位闭合，则这个挡位在正常情况下是导通的。

5. 摇头机构的检测与维修。

（1）蜗轮蜗杆摇头机构：若产生故障，常见原因是齿轮损坏，则应更换摇头机构。

（2）同步电动机：若同步电动机损坏，则应更换电动机。

6. 电风扇常见故障的维修。

（1）通电不工作：重点查电动机是否烧坏，若电动机正常，则检查分相电容器是否完好，检查定时开关、琴键开关的通断，检查电源线是否开路。

（2）转速很慢，力气很小：这种情况主要有两种原因，一是电容器容量偏小，应更换容量足够大的电容器；二是转轴里面阻力大，甚至卡死，用润滑油清洗转轴即可解决问题。

（3）不摇头：检修摇头机构。

四、实训步骤

1. 画出琴键开关调速台扇（或落地扇）的电气原理图，并简要说明工作原理。

2. 拆卸电风扇。

（1）外部拆卸：拆下风扇外壳、风扇叶及相关组件，以便后续拆卸电动机。

（2）拆开底盖，将定时器、琴键开关等元件取下来。

（3）拆下摇头机构。

（4）将电动机拆下来。

3. 电气检测。

检测电风扇电路的所有元件。

（1）检测电动机：用万用表检查电动机各绕组之间是否相互导通，并把它们相互导通的阻值记录下来。

（2）检测电容器是否正常。

（3）检测琴键开关是否正常。

（4）检测定时器是否正常。

以上检测过程中，若检测到电气元件损坏，则更换。

4. 观察摇头机构，检查是否正常。若有故障，则修理好。

5. 拆卸电动机：拧下螺杆螺母，将电动机盖子打开，将电动机的定子、转子拆下来，观察电动机内部结构。

6. 用润滑油清洗电动机转轴，减小阻力，使它能灵活转动。

7. 安装电风扇：按照以上相反的顺序，重新安装电风扇。要求安装之后，电风扇能正常工作。

将以上检测结果记录在表 6-2-1 中。

表 6-2-1　电风扇检测记录表

检测项目	检测要求	实训数据及相关维修情况
电动机绕组	检查各绕组是否导通，记录导通阻值	
电容器	检测电容器是否正常	
琴键开关	检测琴键开关是否正常	
定时器	检测定时器是否正常	
摇头机构	检查摇头机构是否正常	
转轴	检查转轴是否存在机械阻力，转动是否正常，若阻力过大，则用润滑油清洗	

五、实训考核评价（见表6-2-2）

表6-2-2　实训考核评价表

考核项目		评分标准	配分	得分
（一）电路设计及原理说明		（1）元器件错误，每处扣1分 （2）导线没有横平竖直，每处扣1分 （3）没有实现功能，扣1～10分 （4）简述原理不正确，扣1～5分	10	
（二）电风扇的拆卸		不能按照要求拆卸电风扇，一个部件扣2分	10	
（三）电气检测与维修	检测电动机绕组	（1）绕组电阻值实测数据不准确，每处扣1分 （2）电动机绕组烧坏没有更换，每处扣2分	5	
	检测电容器	（1）不会检测电容器，扣1～3分 （2）电容器损坏没有更换，扣2分	5	
	检测琴键开关	（1）不会检测琴键开关的通断，扣1～3分 （2）琴键开关损坏没有更换，扣2分	5	
	检测定时器	（1）不会检测定时器通断，扣1～3分 （2）定时器损坏没有更换，扣2分	5	
（四）检查摇头机构		摇头机构工作不正常，没有维修扣1～10分	10	
（五）拆卸电动机		不能正确拆卸电动机，扣1～10分	10	
（六）清洗电动机转轴		电动机转轴不灵活，扣1～10分	10	
（七）重新装配电风扇		（1）少装一个部件，扣2分，最多扣10分 （2）装配完成之后，不能正常工作，扣5～10分	20	
（八）职业素养与安全		（1）没穿工作服、绝缘鞋，没戴安全帽，各扣1分 （2）工位不整洁，工具摆放不整齐，操作完成后不整理工位，各扣1分 （3）不能正确使用工具，扣1～2分 （4）操作中违反电气安全规则，扣1～2分 （5）操作中影响到他人工作，扣1～2分	10	
总　　分				

项目七

三相交流异步电动机的控制

任务 1 低压电器的拆装与检测

　　低压电器通常是指在交流电压 1200V 或直流电压 1500V 以下工作的电器。常见的低压电器有开关、低压断路器、熔断器、接触器、漏电保护开关和继电器等。进行电气线路安装时，电源和负载（如电动机）之间用低压电器通过导线连接起来，可以实现负载的接通、切断、保护等控制功能。本任务主要是介绍常用低压电器的名称、结构、分类与符号，重点介绍交流接触器的拆卸、安装与检测。

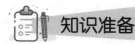 任务目标

1. 认识常见低压电器的外形与符号。
2. 了解常用低压电器的结构，能正确拆卸、安装与检测。

知识准备

一、低压断路器

低压断路器又称自动空气开关，相当于闸刀开关、熔断器等电器的组合，是一种不仅

可以接通和分断正常负载电流、电动机工作电流和过载电流，而且可以接通和分断短路电流的开关电器。

其定义为：能接通、承载及分断正常电路条件下的电流，也能在所规定的非正常电路（如短路）下接通、承载一定时间和分断电流的一种机械开关电器。

1. 低压断路器的分类

（1）微型断路器：简称 MCB，是电气终端配电装置中使用最广泛的一种终端保护电器，一般常用于电流在 63A 以下的单个电路中，作为配电断路器使用，如居家配电箱。微型断路器如图 7-1-1 所示

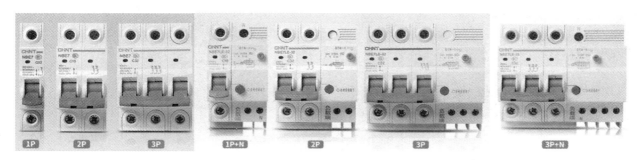

图 7-1-1　微型断路器

（2）塑壳式断路器：简称 MCCB，多被作为配电电器使用，在线路的中间位置。塑壳指的是用塑料绝缘体来作为装置的外壳，用来隔离导体之间以及接地金属部分。塑壳式断路器通常含有热磁跳脱单元，而大型号的塑壳式断路器会配备固态跳脱传感器，一般常用于电流在 63A 以下的供配电电气柜中，作为分支电路断路器使用。塑壳式断路器如图 7-1-2 所示。

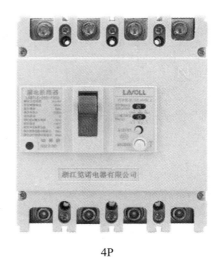

2P　　　　　　　　3P　　　　　　　　4P

图 7-1-2　塑壳式断路器

（3）万能式断路器：简称 ACB，分断能力相对较高，多被作为主断路器使用。因为它本身具有延时功能，能够延时分断和脱扣，而且还具有很好的通信功能和选择性，一般常用于电流在 63A 以上的供配电电气柜中，作为总断路器使用。万能式断路器如图 7-1-3 所示。

图 7-1-3 万能式断路器

2. 低压断路器的型号、结构与符号

（1）型号：以型号为 DZ267LE-32 C32 的断路器为例说明，如图 7-1-4 所示。

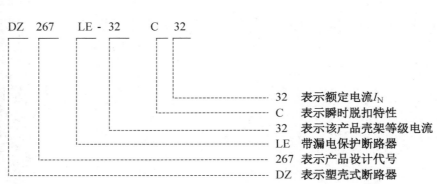

图 7-1-4 低压断路器型号说明

说明：瞬时脱扣特性一般分 C、D 两种。设断路器额定电流为 I_N，C 型的整定电流为 $5\sim10I_N$，D 型的整定电流为 $10\sim14I_N$。一般启动电流不大的用电设备如家庭用电选 C 型，启动电流大的用电设备如重载电动机选 D 型，以免启动时断路器误动作。

（2）结构：低压断路器由短路保护电磁脱扣器、触点组、急速灭弧系统、机械锁定手柄装置、过载保护的双金属片装置、基架和阻燃外壳等部分组成，如图 7-1-5 所示。

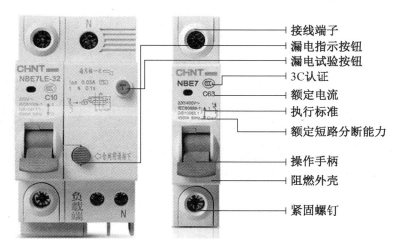

（a）外部结构

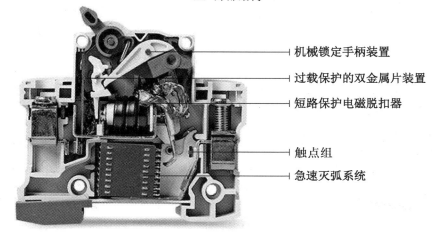

（b）内部结构

图 7-1-5　低压断路器的外部和内部结构

（3）符号：低压断路器的文字符号为 QF，其图形符号如图 7-1-6 所示。

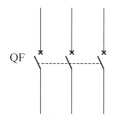

图 7-1-6　低压断路器的图形符号

二、交流接触器

1. 交流接触器

交流接触器可以看作是一个自动开关，用于接通、分断线路或频繁的控制电动机等设备运行，如图 7-1-7 所示。它具有手动切换电器所不能实现的遥控功能，同时还具有欠电压、失电压保护功能，但却不具备短路保护和过载保护功能。接触器的主要控制对象一般是电动机。

图 7-1-7　常见的交流接触器

2. 交流接触器的型号

以正泰 CJX2-1210 交流接触器为例说明交流接触器的型号，如图 7-1-8 所示。

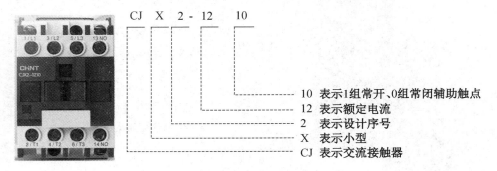

CJ　X　2　-　12　　10

10 表示1组常开、0组常闭辅助触点
12 表示额定电流
2 表示设计序号
X 表示小型
CJ 表示交流接触器

图 7-1-8　交流接触器的型号说明

3. 交流接触器的结构

（1）交流接触器的外部结构：以 CJX2-4011 为例，如图 7-1-9 所示。

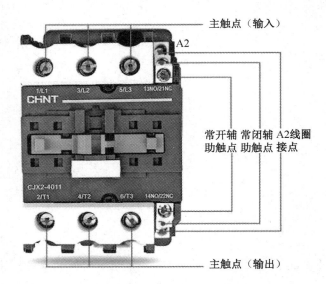

主触点（输入）

A2

常开辅　常闭辅　A2线圈
助触点　助触点　接点

主触点（输出）

图 7-1-9　交流接触器的外部结构

（2）交流接触器的内部结构。

交流接触器一般是上下两段结构，如图 7-1-10 所示。上段为热固塑料外壳，固定着辅助触点、主触点和灭弧装置等；下段为热塑性塑料底座，安装着电磁系统和缓冲装置。底座有螺钉固定孔，下部还装有 IEC 标准 35mm 槽轨的锁扣。

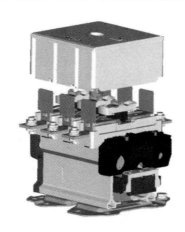

图 7-1-10　交流接触器的内部结构

① 电磁系统。电磁系统由线圈、E 形静铁芯和衔铁组成，静铁芯头部装有短路环，用于防止交流电流过零时衔铁的振动。

② 触点部分包括主触点和辅助触点。主触点由三组桥式动触点和上下两侧三对静触点组成，触点材料为银基合金，容量较大，允许通过较大的电流，起接通和断开主电路的作用。静触点、静铁芯、线圈成一体，桥式动触点和衔铁成一体。触点分成常开（NO）和常闭（NC）两类。线圈未通电时，处于分断状态的触点称为常开触点；处于闭合状态的触点称为常闭触点。该接触器四对辅助触点中常开（NO）、常闭（NC）触点数量可任意组合。辅助触点只允许用于电流较小的控制电路中。

③ 灭弧罩。电流在 40A 以上的交流接触器中设有灭弧罩，作用是限制主触点分断时产生的电弧，以避免触点烧结或熔焊。

4. 符号

交流接触器的文字符号为 KM，其图形符号如图 7-1-11 所示。

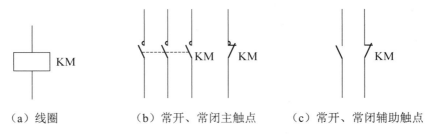

（a）线圈　　　　　（b）常开、常闭主触点　　　　（c）常开、常闭辅助触点

图 7-1-11　交流接触器的图形符号

三、热继电器

1. 热继电器的作用

热继电器是用于电动机或其他电气设备、电气线路过载保护的保护电器，如图 7-1-12 所示。

图 7-1-12　常见的热继电器

2. 热继电器的分类

（1）双金属片式：利用膨胀系数不同的双金属片（如锰镍和铜片）受热弯曲去推动杠杆而使触点动作。

（2）热敏电阻式：利用金属的电阻值随温度变化而变化这一特性制成的热继电器。

（3）易熔合金式：利用过载电流发热使易熔合金达到某一温度值时就熔化这一特性，使继电器动作。

3. 热继电器的型号

以正泰 NXR-25 9A-13A 热继电器为例进行说明，如图 7-1-13 所示。

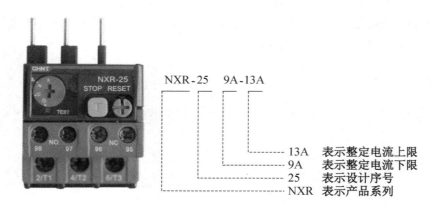

图 7-1-13　热继电器的型号说明

4. 热继电器的结构

（1）热继电器的外部结构：以正泰 NR2-25 系列热继电器为例，如图 7-1-14 所示。

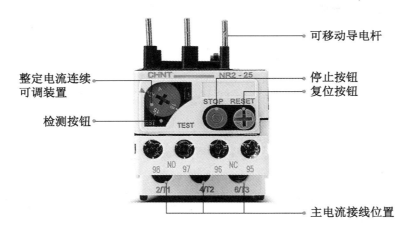

图 7-1-14 热继电器的外部结构

（2）热继电器的内部结构：热继电器由加热元件、双金属片、触点及一套传动和调整机构组成，具体如图 7-1-15 所示。加热元件是一段阻值不大的电阻丝，串接在被保护电动机的主电路中。双金属片由两种不同热膨胀系数的金属片碾压而成。

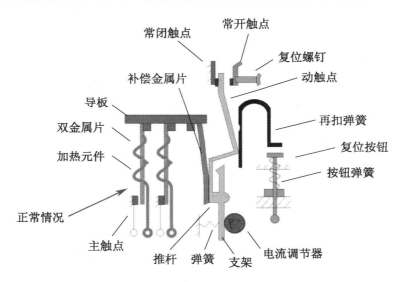

图 7-1-15 热继电器的内部结构

当电动机过载时，通过加热元件的电流超过整定电流，双金属片受热向上弯曲脱离导板，使常闭触点断开。由于常闭触点是接在电动机的控制电路中的，它的断开会使得与其相接的接触器线圈断电，从而接触器主触点断开，电动机的主电路断电，实现了过载保护。

5. 热继电器的符号

热继电器的文字符号为 FR，其图形符号如图 7-1-16 所示。

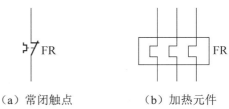

（a）常闭触点　　　（b）加热元件

图 7-1-16 热继电器的图形符号

四、熔断器

1. 熔断器的作用

熔断器是指当电流超过规定值时，以本身产生的热量使熔断体熔断，断开电路的一种电器，如图 7-1-17 所示。熔断器广泛应用于高低压配电系统和控制系统及用电设备中，作为短路和过电流的保护器，是应用最普遍的保护器件之一。

圆筒形帽熔断器　　　　刀型触头熔断器　　　　螺栓连接熔断器

图 7-1-17　常见的熔断器

2. 熔断器的结构

熔断器主要由熔断体、外壳和支座三部分组成，如图 7-1-18 所示。

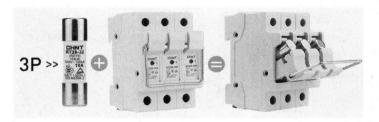

图 7-1-18　正泰 RT28N-32X-3P 熔断器的结构图

3. 熔断器的型号

以正泰 DZ RT28-32X 热继电器为例说明，如图 7-1-19 所示。

DZ　RT　28 - 32　X

X　　表示信号装置
32　　表示额定电流 I_N
28　　表示设计序号
RT　　表示有填料封闭管式熔断器
DZ　　表示企业代码

图 7-1-19　熔断器的型号说明

4. 熔断器的符号

熔断器的文字符号为 FU，其图形符号如图 7-1-20 所示。

图 7-1-20 熔断器的图形符号

五、按钮开关

1. 按钮开关的作用

按钮开关是一种人工控制的主令电器，如图 7-1-21 所示，主要用来发布操作命令，接通或分断控制电路，控制机械与电气设备的运行。

图 7-1-21 常见的按钮开关

按钮开关颜色的含义如表 7-1-1 所示。

表 7-1-1 按钮开关颜色的含义

颜 色	含 义	颜 色	含 义
红色	紧急	白色	没有特殊含义
黄色	异常	灰色	启动/接通；停止/分断
绿色	安全	黑色	启动/接通；停止/分断
蓝色	强制性		

2. 按钮开关的结构

（1）外部结构：按钮开关一般由按钮头部、紧固螺钉、基座、触点模块等部分组成，如图 7-1-22 所示。

（2）内部结构：在按钮开关的内部，主要有按钮帽、复位弹簧、支柱连杆、常闭触点、桥式动触点、常开触点和外壳等部分组成，如图 7-1-23 所示。

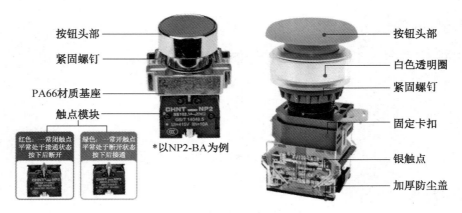

图 7-1-22　常见按钮开关的外部结构

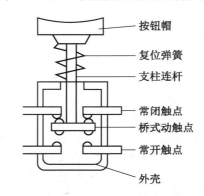

图 7-1-23　常见按钮开关的内部结构

【说明】

① 在无特殊说明的情况下，有触点电器的触点动作顺序均为"先断后合"。

② 常开触点：平常处于断开状态，按下之后接通，又称为动合触点。

③ 常闭触点：平常处于接通状态，按下之后断开，又称为动断触点。

④ 自复位：手指按下按钮，常开触点接通，常闭触点断开。手指松开，触点复位，常开触点断开，常闭触点接通。

⑤ 自锁式：手指按下按钮，常开触点接通，常闭触点断开。再按一下，触点复位，常开触点断开，常闭触点接通。

3. 按钮开关的符号

按钮开关的文字符号是 SB，其图形符号如图 7-1-24 所示。

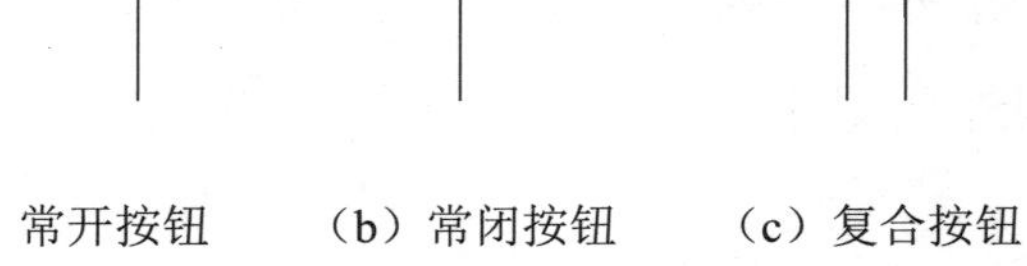

（a）常开按钮　　　（b）常闭按钮　　　（c）复合按钮

图 7-1-24　常见按钮开关的图形符号

理论学习笔记

基 础 知 识
重 点 知 识
难 点 知 识
学 习 体 会

 知识巩固

单选题

1. 低压断路器主要用于（　　　）低压配电设备的控制和保护。

    A. 10kV 以下　　　B. 10kV 及以下　　　C. 10kV 及以上　　D. 10kV 以上

2. 按电压使用范围分类，断路器可以分为（　　　）和低压断路器。

    A. 自动开关　　　　B. 空气开关　　　　C. 高压断路器　　D. 保护断路器

3. 低压断路器又称（　　　）。

    A. 限位开关　　　　B. 自动空气开关　　C. 万能转换开关 D. 接近开关

4. 电源进线应接在低压断路器的（　　　）。

    A. 下端　　　　　　B. 上端　　　　　　C. 侧面　　　　　D. 后面

5. 下列关于低压断路器说法不正确的是（　　　）。

    A. 低压断路器按结构可分为万能式和装置式

    B. 低压断路器一般装有自动脱扣机构

    C. 低压断路器不适于频繁操作

    D. 低压断路器的额定短路通断能力应大于线路中可能出现的最大短路电流

6. 交流接触器的文字符号为（　　　）。

    A. KA   B. KM   C. KH   D. QS

7. 利用交流接触器做欠压保护的原理是当电压不足时，线圈产生的（　　　）不足，触点分断。

    A. 磁力   B. 涡流   C. 热量   D. 电流

8. 交流接触器主要由主触点、常开触点、常闭触点、（　　　）以及外壳等部分组成。

    A. 导线   B. 线圈   C. 电阻   D. 电容

9. 在电力控制系统中，使用最广泛的是（　　　）式交流接触器。

    A. 电磁   B. 气动   C. 液动   D. 手动

10. 交流接触器有（　　　）保护功能。

    A. 过载   B. 过压   C. 失压   D. 短路

11. 按钮开关的文字符号是（　　　）。

    A. FU   B. SA   C. SB   D. QF

12. 按钮开关在电路中属于（　　　）电器，具有自动（　　　）功能。

    A. 保护、控制   B. 保护、执行   C. 控制、复位   D. 执行、保护

13. 按用途和触点结构不同，按钮开关分为（　　　）。

    A. 常闭按钮   B. 常开按钮   C. 复合按钮   D. 以上都对

14. 按钮开关是一种用来接通或分断小电流电路的（　　　）控制电器。

    A. 电动   B. 手动   C. 自动   D. 气动

15. 按钮开关一般由按钮帽、复位弹簧、桥式动触点、（　　　）和外壳组成。

    A. 灭弧装置   B. 电磁线圈   C. 静触点   D. 短路环

 学以致用

【技能实训 7-1】　交流接触器的拆装与检测

一、实训目的

1. 能正确拆卸与安装交流接触器。

2. 能用万用表正确检测交流接触器触点通断与线圈阻值。

二、实训器材

常用电工工具 1 套，万用表 1 块，交流接触器（根据实际情况准备）。

三、实训准备

1．CJ20 系列交流接触器为直动式，主触点为双断式，有三组主触点，两组动断（常闭）辅助触点、两组动合（常开）辅助触点、一组线圈。CJ20-40A 以下（即额定工作电流小于 40A）的交流接触器，其辅助触点与主触点安装在一起，如图 7-1-25（a）所示。CJ20-40A 及以上（即额定工作电流大于或等于 40A）的交流接触器，其辅助触点作为独立组件安装在主触点两侧，如图 7-1-25（b）所示。

（a） （b）

图 7-1-25 CJ20 系列交流接触器

2．CJX2 系列交流接触器，如图 7-1-26 所示，适用于交流 50Hz 或 60Hz，额定工作电压至 690V、额定工作电流至 95A 的电路中，供远距离接通与分断电路及频繁启动、控制交流电动机。

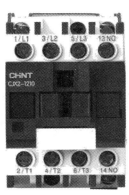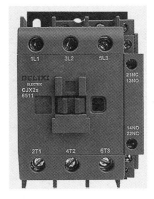

图 7-1-26 CJX2 系列交流接触器

四、实训步骤

1．外观检测。

检查实训室提供的三种交流接触器（如 CJ20-16、CJX2-1210、CJX1-12/22）的动静触点螺钉是否齐全与锈蚀、测试按钮按动是否灵活、主触点与线圈螺钉是否干净无锈蚀、外壳是否有损坏，填写表 7-1-2。

表 7-1-2 外观检测

检查类型		型　　号		
外壳	是否完整			
主触点	数量			
	文字标识			
	完整、无锈蚀			
线圈	数量			
	文字标识			
	完整、无锈蚀			
动触点	数量			
	文字标识			
	完整、无锈蚀			
静触点	数量			
	文字标识			
	完整、无锈蚀			
测试按钮	按动是否灵活			

2．功能检测。

交流接触器不动作时动断（常闭）触点输入端和输出端应全部接通，动合（常开）触点输入端和输出端应全部断开。交流接触器动作时则相反。线圈阻值不因交流接触器是否动作而变化，因交流接触器不同为几百至几千欧姆。进行功能检测并填写表 7-1-3。

表 7-1-3 功能检测

检查类型		型　　号		
主触点	动作前阻值			
	动作后阻值			
线圈	动作前阻值			
	动作后阻值			
动触点	动作前阻值			
	动作后阻值			
静触点	动作前阻值			
	动作后阻值			

3．交流接触器的拆装。

拆卸交流接触器，如图 7-1-27 所示为 CJX2 系列交流接触器拆装对照图，将主要零部件的名称和作用记入表 7-1-4 中。拆卸完成后完整装回，并重新进行外观检测与功能检测。

图 7-1-27　CJX2 系列交流接触器拆装对照图

表 7-1-4　交流接触器的拆装

拆卸步骤	主要零部件	
	名　称	作　用

任务2　三相交流异步电动机的结构与检测

三相交流异步电动机是一种将电能转化为机械能的电力拖动装置。它主要由定子、转子和它们之间的气隙构成。对定子绕组通入三相交流电源后，产生旋转磁场并切割转子，获得转矩。三相交流异步电动机具有结构简单、运行可靠、价格便宜、过载能力强，以及使用、安装、维护方便等优点，被广泛应用于各个领域。

任务目标

1. 认识三相交流异步电动机的外形与结构。
2. 正确解释三相交流异步电动机的铭牌含义。

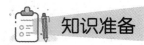

3. 运用兆欧表测量电动机的相与相、相与外壳之间的绝缘阻值。

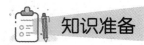 知识准备

一、电机的定义

电机是指依据电磁感应定律实现电能的转换或传递的一种电磁装置。电机一般包括三类，如图 7-2-1 所示。

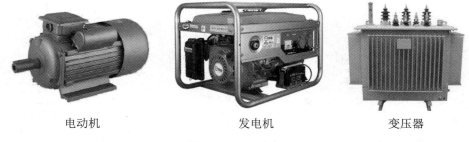

电动机　　　　　发电机　　　　　变压器

图 7-2-1　电机

（1）电动机：俗称马达，在电路中用字母"M"表示。它的主要作用是产生驱动转矩，作为用电器或各种机械的动力源。电动机是把电能转换成机械能的设备。

（2）发电机：在电路中用字母"G"表示。它的主要作用是将机械能转化为电能。

（3）变压器：变压器是将电能转换为电能的装置或设备，在电路中用字母"T"表示。

二、三相交流异步电动机的结构

1. 三相交流异步电动机的外部结构（见图 7-2-2）

从电动机外部可以看到电动机接线盒、前后端盖、铭牌、安装底座、电动机输出轴等。打开电动机接线盒，可以看到接线端和引出线。

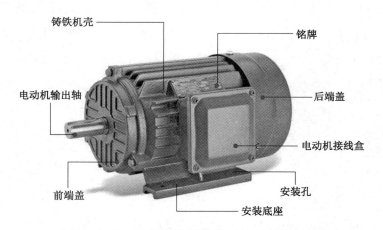

铸铁机壳　　　铭牌　　　电动机输出轴　　　后端盖　　　电动机接线盒　　　前端盖　　　安装孔　　　安装底座

图 7-2-2　三相交流异步电动机的外部结构

2．三相交流异步电动机的内部结构

拆下风扇罩、风扇叶、后端盖，可以看到电动机内部包括定子、转子、轴承等零部件。定子铁芯装在机座里，转子铁芯装在转轴上。定子铁芯上有绕组，转子铁芯里铸有笼型铝条。绕线式转子铁芯中有转子绕组。

可见，电动机是由固定不动的部分定子和转动部分转子以及其他零部件组成的，如图 7-2-3、表 7-2-1 所示。

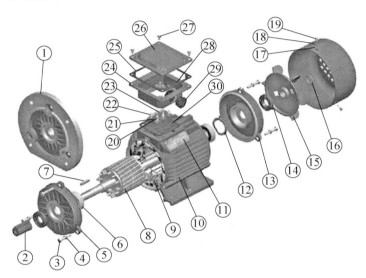

图 7-2-3　三相交流异步电动机的内部结构

表 7-2-1　三相交流异步电动机的内部结构名称

序号	名称	序号	名称	序号	名称
1	法兰	11	铭牌	21	铜垫片
2	轴套	12	波形垫圈	22	铜连接片
3	螺栓	13	后端盖	23	接线板
4	弹簧垫圈	14	密封圈	24	接线盒座
5	前端盖	15	风扇叶	25	密封垫
6	轴承	16	风扇叶卡簧	26	接线盒盖
7	键	17	风扇罩	27	螺钉
8	转子	18	垫圈	28	接地标志
9	定子	19	风扇罩螺钉	29	护套
10	机座	20	铜螺帽	30	皮垫

3．定子（静止部分）

定子是电动机的静止部分，如图 7-2-4 所示，包括定子铁芯、定子绕组等部件。

定子绕组

定子铁芯

图 7-2-4　定子

（1）定子铁芯：定子铁芯的作用是作为电动机磁路的一部分，并在其上放置定子绕组。

（2）定子绕组：定子绕组是电动机的电路部分，通入三相交流电，产生旋转磁场。

4．转子（旋转部分）

转子是电动机的旋转部分，如图 7-2-5 所示，包括转子铁芯、转子绕组和转轴等部件。

（1）转子铁芯。

作用：电动机磁路的一部分，并放置转子绕组。一般用 0.5mm 厚的硅钢片冲制、叠压而成，硅钢片外圆冲有均匀分布的孔，用来安置转子绕组。

（2）转子绕组。

作用：切割定子旋转磁场产生感应电动势及电流，并形成电磁转矩而使电动机旋转。

转子根据构造不同分为笼型转子和绕线式转子。

（3）笼型转子：若去掉转子铁芯，整个绕组的外形像一个鼠笼，故称笼型绕组。小型笼型电动机采用铸铝转子绕组，对于 100kW 以上的电动机采用铜条和铜端环焊接而成。如图 7-2-6 所示。

图 7-2-5　转子

（a）笼型绕组

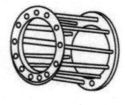
（b）转子外形

图 7-2-6　笼型转子

（4）绕线式转子：绕线式转子绕组与定子绕组相似，也是一个对称的三相绕组，一般接成星形，三个出线头接到转轴的三个集电环（滑环）上，再通过电刷与外电路连接，如图 7-2-7 所示。

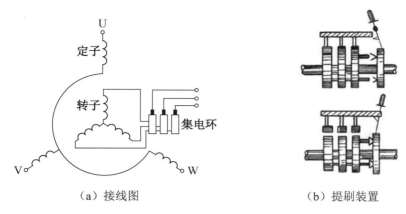

（a）接线图　　　　　　　　（b）提刷装置

图 7-2-7　绕线式异步电动机的转子接线示意图

（5）转轴：用以传递转矩及支撑转子的重量，一般由中碳钢或合金钢制成。

5. 其他附件

三相交流异步电动机还包括端盖、轴承、风扇等部分。

三、三相交流异步电动机的铭牌

要正确使用电动机，必须要看懂铭牌，三相交流异步电动机的铭牌如图 7-2-8 所示。以 Y132S-4 型电动机为例，来说明铭牌上各个字母、数字的含义。

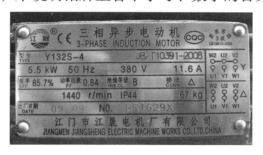

图 7-2-8　三相交流异步电动机的铭牌

1. 型号

例如 Y132M-4 中"Y"表示 Y 系列笼型异步电动机（YR 表示绕线式异步电动机），"132"表示电动机的中心高为 132mm，"M"为机座长度代号（M 表示中机座，L 表示长机座，S 表示短机座），"4"表示极数。

有些电动机型号在机座长度代号后面还有一位数字，代表铁芯号，如 Y132S2-2 型号中 S 后面的"2"表示 2 号铁芯（"1"表示 1 号铁芯）。

2. 额定功率

电动机在额定状态下运行时，其轴上所能输出的机械功率称为额定功率。

3. 额定速度

在额定状态下运行时的转速称为额定转速。

4. 额定电压

额定电压是电动机在额定运行状态下，电动机定子绕组上应加的线电压值。Y 系列电动机的额定电压都是 380V。凡功率小于 3kW 的电动机，其定子绕组均为星形连接，4kW 以上都是三角形连接。

5. 额定电流

电动机加以额定电压，在其轴上输出额定功率时，定子从电源取用的线电流值称为额定电流。

6. 温升（或绝缘等级）

温升是指电动机温度允许超过环境温度的限度。

7. 防护等级

防护等级是指防止人体接触电动机转动部分、电动机内带电体和防止固体异物进入电动机内的防护等级。

防护标志 IP44 含义：

IP——特征字母，为"国际防护"的缩写；

44——4 级防固体（防止大于 1mm 的固体进入电机）；4 级防水（任何方向溅水应无害影响）。

8. 接法

电动机绕组引出端的连接方式，分为三角形接法和星形接法。

9. LW 值

LW 值指电动机的总噪声等级，LW 值越小表示电动机运行的噪声越低，噪声单位为 dB。

10. 工作制

工作制指电动机的运行方式。一般分为"连续"（代号为 S1）、"短时"（代号为 S2）、"断续"（代号为 S3）。

11. 额定频率

电动机在额定运行状态下，定子绕组所接电源的频率叫作额定频率。我国规定的额定频率为 50Hz。

理论学习笔记

基 础 知 识

重 点 知 识

难 点 知 识

学 习 体 会

 知识巩固

单选题

1. 三相交流异步电动机按照工作制可分为连续三相交流异步电动机、断续三相交流异步电动机和（　　　）三相交流异步电动机。

　　A. 短时　　　　　B. 延时　　　　　C. 间歇　　　　　D. 瞬时

2. 三相交流异步电动机旋转磁场的方向是由三相电源的（　　　）决定的。

　　A. 相电压　　　　B. 相位　　　　　C. 相序

3. 三相笼型交流异步电动机名称中的三相是指电动机的（　　　）。

　　A. 转子绕组为三相　　　　　　　　B. 定子绕组为三相

　　C. 转子铁芯为三相　　　　　　　　D. 定子铁芯为三相

4. 在三相交流异步电动机的定子上布置有（　　　）的三相绕组。

　　A. 结构相同，空间位置互差90°电角度

　　B. 结构相同，空间位置互差120°电角度

　　C. 结构不同，空间位置互差180°电角度

　　D. 结构不同，空间位置互差120°电角度

5. 三相交流异步电动机主要由（　　　）组成。

　　A. 机座　　　　　　B. 铁芯　　　　　　C. 定子和转子　　D. 外壳

6. 三相交流异步电动机定子绕组的连接方法采用（　　　）。

　　A. 顺接　　　　　　　　　　　　　　　B. 反接

　　C. 星形或三角形连接　　　　　　　　　D. 混联

7. 三相交流异步电动机机座的主要作用是（　　　）。

　　A. 磁路的一部分

　　B. 固定和支撑转子铁芯

　　C. 要有足够的机械强度和刚度受力而不变形

　　D. 固定和支撑定子铁芯，同时也是通风散热部件

8. 三相交流异步电动机定子铁芯的作用是（　　　）。

　　A. 电动机磁路的一部分

　　B. 电动机的机械骨架

　　C. 用于产生旋转磁场

　　D. 电动机磁路的一部分并在其上放置定子绕组

9. （　　　）属于三相交流异步电动机定子的组成部分。

　　A. 转子绕组　　　B. 端盖　　　　　　C. 转轴　　　　　　D. 定子绕组

10. 三相交流异步电动机产生的是（　　　）磁场。

　　A. 恒定　　　　　　B. 脉动　　　　　　C. 旋转　　　　　　D. 变化

 学以致用

【技能实训 7-2】　三相交流异步电动机的两种接法

一、实训目的

1. 正确完成电动机星形与三角形接法的连接。

2. 用万用表测量电动机各相定子绕组的电阻值。

3. 用万用表测量星形与三角形接法的电压参数。

二、实训器材

常用电工工具 1 套；万用表；三相交流异步电动机、电源插接导线。

三、实训准备

定子三相绕组的六个出线端都引至接线盒上，首端分别标为 U1、V1、W1，尾端分别

标为 U2、V2、W2，可以接成星形或三角形，如图 7-2-9 所示。

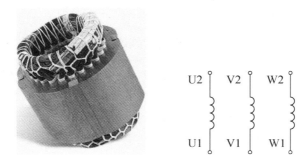

图 7-2-9 定子三相绕组

1. 星形连接。

将电动机三相绕组首端 U1、V1、W1 接电源，尾端 U2、V2、W2 连接在一起，这种连接称为星形（Y 形）连接，如图 7-2-10 所示。三相交流异步电动机采用星形（Y 形）连接，定子每相绕组上的电压为 220V。

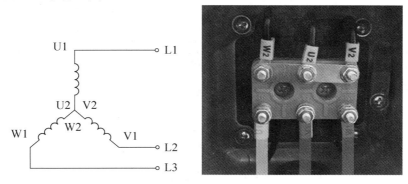

图 7-2-10 定子三相绕组星形连接

2. 三角形连接。

将电动机三相绕组首端 U1 接 W2、V1 接 U2、W1 接 V2，再将这三个交点接到三相电源上，这种连接称为三角形（△形）连接，如图 7-2-11 所示。三相交流异步电动机采三角形（△形）连接，定子每相绕组上的电压为 380V。

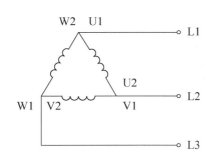
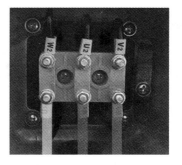

图 7-2-11 定子三相绕组三角形连接

四、实训步骤

1. 测量电工实训台电源电压值，填写表 7-2-2。

表 7-2-2　测量电工实训台电源电压值

测量项目	万用表挡位	U_{UV}（V）	U_{VW}（V）	U_{WU}（V）	U_{UN}（V）	U_{VN}（V）	U_{WN}（V）
电源电压值							

2. 测量电动机各绕组的电阻值，同时判定电动机的好坏，填写表 7-2-3。

表 7-2-3　测量电动机各绕组的电阻值

测量绕组	万用表挡位	实测电阻值	电动机好坏判定
U1-U2			
V1-V2			
W1-W2			

3. 将电动机连接成星形，测量各绕组的电压值，填写表 7-2-4。

表 7-2-4　测量电动机各绕组的电压值（星形连接）

测量绕组	万用表的挡位	实测电压值
U1-U2		
V1-V2		
W1-W2		

4. 将电动机连接成三角形，测量各绕组的电压值，填写表 7-2-5。

表 7-2-5　测量电动机各绕组的电压值（三角形连接）

测量绕组	万用表的挡位	实测电压值
U1-U2		
V1-V2		
W1-W2		

 学以致用

【技能实训 7-3】　用兆欧表测量电动机的绝缘阻值

一、实训目的

1. 认识兆欧表的外形与结构。

2. 掌握兆欧表开路测试与短路测试的方法。

3. 应用兆欧表测量电动机的相与相、相与外壳之间的绝缘阻值。

二、实训器材

常用电工工具 1 套；兆欧表；三相交流异步电动机（根据实际情况准备）。

三、实训准备

1. 兆欧表：兆欧表是电工常用的一种测量仪表，主要用来检查电气设备、家用电器或电气线路对地及相间的绝缘电阻，以保证这些设备、电器和线路工作在正常状态，避免发生触电伤亡及设备损坏等事故。一般可分为手摇式兆欧表与电子式绝缘电阻测试仪。

（1）手摇式兆欧表：主要由手摇直流发电机、磁电系比率表和测量线路组成，其结构如图 7-2-12 所示。

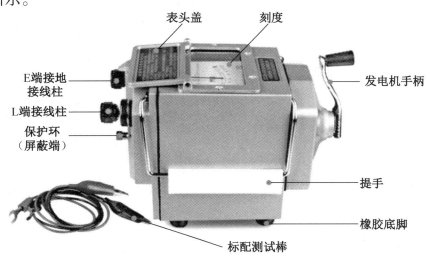

图 7-2-12　手摇式兆欧表的结构

手摇式兆欧表的操作方法如下。

① 开路测试，如图 7-2-13 所示。

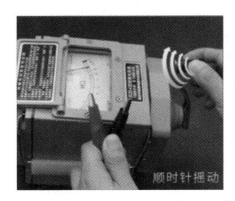

第 1 步，在无接线的情况下可顺时针摇动手柄

第 2 步，在正常情况下，指针向右滑动后停留在"∞"位置处

图 7-2-13　开路测试

② 短路测试，如图 7-2-14 所示。

第1步，将L端与E端两根检测棒短接　第2步，顺时针缓慢地转动手柄　第3步，正常情况下，指针向左滑动，后停留在"0"位置处

图 7-2-14　短路测试

③ 测量绝缘阻值，如图 7-2-15 所示。

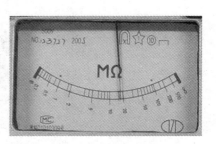

第1步，观测被测设备和线路是否在停电的状态下进行测量　第2步，将被测设备与兆欧表正确接线。摇动手柄时应由慢而快至额定转速 120r/min　第3步，正确读取被测绝缘阻值的大小。必须边摇边读数，在匀速转动 1min 后开始读数

图 7-2-15　测量绝缘阻值

注意事项：

① 兆欧表使用时应放在平稳、牢固的地方，且远离大的外电流导体和外磁场。

② 必须正确接线。兆欧表上一般有三个接线端，其中 L 端接在被测物和大地绝缘的导体部分，E 端接被测物的外壳或接地。G 端（屏蔽端）接在被测物的屏蔽层上或不需要测量的部分。测量绝缘电阻时，一般只用 L 端和 E 端。但在测量电缆对地的绝缘阻值或被测设备的漏电流较严重时，就要使用 G 端，并将 G 端接屏蔽层或外壳。线路接好后，可按顺时针方向转动手柄，摇动的速度应由慢而快，当转速达到 120r/min 左右时（ZC-25 型），保持匀速转动，1min 后读数，并且要边摇边读数，不能停下来读数。

③ 摇测时将兆欧表置于水平位置，手柄转动时其端钮间不许短路。摇动手柄应由慢而快，若发现指针指零说明被测绝缘物可能发生了短路，这时就不能继续摇动手柄，以防表内线圈发热损坏。

④ 读数完毕将被测设备放电。放电方法是将测量时使用的地线从兆欧表上取下来与被测设备短接一下即可（不是兆欧表放电）。

（2）绝缘电阻测试仪：主要由仪器主体、鳄鱼夹、测试电缆线、测试表笔等部分组成，

其主体部分如图 7-2-16 所示。绝缘电阻测试仪具有测量交流电压、绝缘电阻等功能，部分产品还具有低电压报警功能和过载保护功能。

图 7-2-16　绝缘电阻测试仪

绝缘电阻测试仪的操作方法如下。

① 交流电压的测量：将测试表笔插入 G 孔与 ACV 孔，将测试表笔头分别与被测电源两端接触，等读数平稳后读取数值，如图 7-2-17 所示。

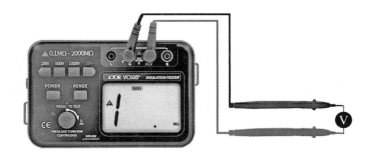

图 7-2-17　绝缘电阻测试仪测量交流电压

② 绝缘电阻的测量：将测试表笔插入 L 孔与 E 孔，将测试表笔头分别与被测体连接，等读数平稳后读取数值，如图 7-2-18 所示。

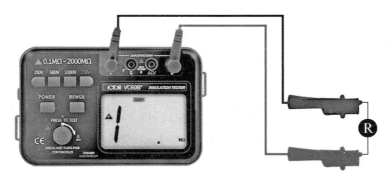

图 7-2-18　绝缘电阻测试仪测量绝缘阻值

四、实训步骤

1. 测量电动机各相与外壳之间的绝缘阻值，填写表 7-2-6。

表 7-2-6　测量电动机各相与外壳之间的绝缘阻值

测量项目	理论绝缘阻值	实际绝缘阻值
电动机 U 相		
电动机 V 相		
电动机 W 相		

2. 测量电动机各相之间的绝缘阻值，填写表 7-2-7。

表 7-2-7　测量电动机各相之间的绝缘阻值

测量项目	理论绝缘阻值	实际绝缘阻值
电动机 U-V 相		
电动机 U-W 相		
电动机 V-W 相		

任务 3　三相笼型交流异步电动机控制电路的安装、接线与调试

电动机的控制电路通常由电动机、控制电器、保护电器与生产机械及传动装置组成。不同的工作场景，所要求的控制电路也不相同。本任务主要是根据三相笼型交流异步电动机单向启动与正反转电路电气原理图，绘制相应的安装接线图，按工艺要求完成电气控制电路的连线，并能进行电路的检查与故障排除。

学以致用

【技能实训 7-4】　三相笼型交流异步电动机单向启动电路的安装、接线与调试

一、实训目的

1. 理解自锁的作用和实现方法。

2. 识读三相笼型交流异步电动机单向启动电路的工作原理图。

3. 完成三相笼型交流异步电动机单向启动电路的安装、接线与调试。

二、实训器材

常用电工工具 1 套、验电笔、剥线钳、尖嘴钳；数字万用表；低压断路器 1 个、熔断器 3+2 共 2 组、交流接触器 1 个、热继电器 1 个、复合按钮 1 个（按钮数为 2 个）、12 位接线端子排 1 个、三相笼型交流异步电动机 1 台、安装网孔板 1 块、导线若干。

三、实训准备

1. 自锁控制。

自锁控制又叫自保，即通过启动按钮（点动）启动后让接触器线圈持续有电，保持接点通路状态。如多功能台式钻床、车床主轴电动机等电路。

2. 电路图识读。

三相笼型交流异步电动机单向启动电路的电气原理图如图 7-3-1 所示。

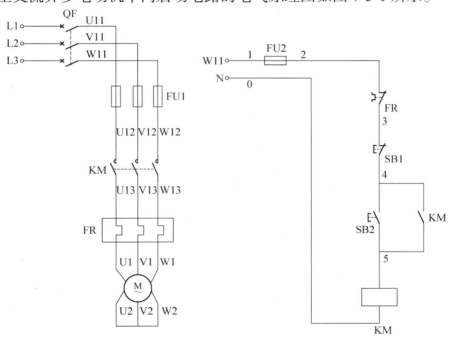

图 7-3-1　三相笼型交流异步电动机单向启动电路的电气原理图

3. 电路工作过程。

（1）电动机启动：按下启动按钮 SB2→控制电路（4-5）闭合→交流接触器 KM 线圈（5-0）通电→交流接触器 KM 动合辅助触点（自锁触点）（4-5）闭合自锁（SB2 释放后交流接触器 KM 线圈（5-0）仍然通电）→交流接触器 KM 动合主触点闭合→电动机 M 通电持续运转。（热继电器起热保护作用。）

（2）电动机停机：按下动断按钮 SB1→控制电路分断→交流接触器 KM 线圈（5-0）失电→交流接触器 KM 自锁触点（4-5）分断→主电路分断→电动机 M 停转。

（3）电路过载：电动机过载→FR 加热元件变形→推动 FR 动断触点（2-3）分断→交流接触器线圈 KM（5-0）失电→交流接触器 KM 自锁触点（4-5）分断→主电路分断→电

动机 M 停转。

四、实训步骤

1. 检测元器件：正确选择元器件，将元器件的型号、数量及检测结果填写在表 7-3-1 中。

表 7-3-1　元器件检测表

序号	名称	型号	数量	外观是否完整	功能测试是否正常
1	低压断路器				
2	熔断器				
3	交流接触器				
4	热继电器				
5	复合按钮				
6	端子排				
7	电动机				

2. 安装与接线。

（1）模拟接线：在图 7-3-2 所示三相笼型交流异步电动机单向启动电路的元器件布置图中模拟接线。

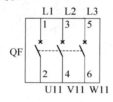
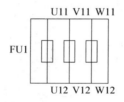

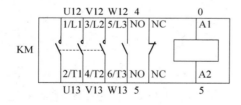
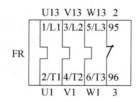
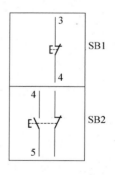

图 7-3-2　三相笼型交流异步电动机单向启动电路模拟接线图

（2）元器件布局：依据图 7-3-3 所示，在控制板上进行元器件的布置与安装固定，各元器件的安装位置应整齐、匀称、间距合理，便于元器件的更换。

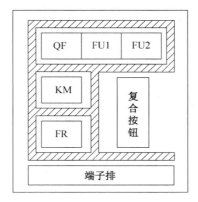

图 7-3-3　三相笼型交流异步电动机单向启动电路元器件布局图

（3）电路接线：按接线图进行布线。布线的工艺要求如下。

① 布线通道要尽可能减少。主线路、控制线路要分类清晰，尽量分开。布线顺序一般按照先控制线路，后主电路。

② 布线一般以交流接触器为中心，由里向外、由低至高，以不妨碍后续布线为原则。

③ 导线与接线端子或接线端连接时，应不压绝缘层、不反圈及不露铜过长，并做到同一元器件、同一回路的不同接点的导线均引入线槽。

④ 一个元器件接线端子上的连接导线不得超过两根。每节接线端子板上的连接导线一般只允许连接一根。

⑤ 布线时，严禁损伤线芯和导线绝缘。

⑥ 布线时，不在控制板上的元器件，要从端子排上引出。

⑦ 布线时，要确保连接牢靠，用手轻拉不会脱落或断开。

（4）检查布线，填写表 7-3-2。

表 7-3-2　检查布线

检查方式	检查内容	检查结果（填√或×）
目测	各元器件使用是否正确	
	各元器件布置是否合理	
	各元器件安装是否牢固	
	布线是否符合工艺要求	
	安装导线数量是否正确	
	安装导线颜色是否正确	

（5）安装并连接电动机。

先连接电动机和按钮金属外壳的保护接地线，然后接电动机控制板外部的导线，最后连接电源。连接电源时，要保证低压断路器处在断开状态。

3. 电路检测。

（1）不通电测试，填写表7-3-3、表7-3-4。

① 按电路图或接线图从电源端开始，逐段核对连线是否正确，连接点是否符合要求。注意不要有导线的线头露在外面。

② 用万用表进行检查时，应选用数字万用表的蜂鸣挡，以防错漏短路故障。检查控制电路时，可将表笔分别搭在0、1线端上，读数应为"∞"，按下启动按钮SB2时读数应为交流接触器线圈的直流电阻阻值。

③ 检查主电路时，可以用手动来代替交流接触器受电线圈励磁吸合时的情况进行检查。

表7-3-3　检查结果

检查方式	检查内容	检查结果
不通电测试 （断开QF）	检查低压断路器-交流接触器各相之间是否有开路	
	检查交流接触器-端子排各相之间是否有开路	
	检查端子排-电动机各相之间是否有开路	

表7-3-4　测试记录

测试电路	主电路			控制电路	
测试步骤	合上QF，压下KM衔铁			按下SB2	压下KM衔铁
	L1-U	L2-V	L3-W		
电阻值					

（2）通电测试，填写表7-3-5。

合上低压断路器QF，引入三相电源，然后操作相应按钮，观察电器动作情况。

① 按下启动按钮SB2，交流接触器KM的线圈通电吸合，交流接触器KM的主触点闭合，电动机接通启动运转；松开启动按钮SB2，电动机继续运转。

② 按下停机按钮SB1，交流接触器KM的线圈失电断开，主触点断开，电动机停止运转。

③ 电动机正常运转时，按下热继电器FR的测试按钮，电动机应停机，需要重新按下启动按钮SB2，电动机才可以重新运转。

表 7-3-5　通电测试检查

检查方式	测试内容	电动机运行情况
通电测试 （合上 QF）	合上 QF	
	按下 SB1	
	按住 SB2	
	松开 SB2	
	再次按下 SB1	
	电动机未运转时，压下 KM 衔铁	
	电动机运转时，按下 FR 测试按钮	

（3）故障排除，填写表 7-3-6。

在操作过程中，如出现不正常现象，应立即断开电源，分析故障原因，仔细检查电路，排除电路故障，在实训教师认可的情况下才能再次通电测试。

表 7-3-6　故障排除情况记录表

故障现象	排除方法	排除结果

五、实训考核评价（见表 7-3-7）

表 7-3-7　实训考核评价表

评价项目		评价要求	配分	得分
（一）电路设计及原理说明		（1）元器件错误，每处扣 1 分 （2）导线没有横平竖直，每处扣 1 分 （3）没有实现功能，扣 1~10 分 （4）简述原理不正确，扣 1~5 分	20	
（二）仪表使用	电阻测试	（1）挡位选择错误，每处扣 1 分 （2）实测数据不准确，每处扣 1 分	5	
	电压测试	（1）挡位选择错误，每处扣 1 分 （2）实测数据不准确，每处扣 1 分 （3）仪表损坏，扣 10 分	5	
（三）电气控制接线	电路接线	（1）不按图纸要求接线，每处扣 1 分 （2）接线不合理、不美观，每处扣 1 分	25	
	电路配线	主电路、控制电路连接导线没按要求，用错颜色，每处扣 1 分	5	

续表

评价项目	评价要求	配分	得分
（四）电路功能实现	（1）未能启动电动机，扣 10 分 （2）未能实现自锁功能，扣 10 分 （3）不能正常停机，扣 5 分 （4）方向不正确，扣 5 分	30	
（五）职业素养与安全	（1）没穿工作服、绝缘鞋，没戴安全帽，各扣 1 分 （2）工位不整洁，工具摆放不整齐，操作完成后不整理工位，各扣 1 分 （3）不能正确使用工具，扣 1～2 分 （4）操作中违反电气安全规则，扣 1～2 分 （5）操作中影响到他人工作，扣 1～2 分	10	
总　　分			

 学以致用

【技能实训 7-5】　三相笼型交流异步电动机正反转电路的安装、接线与调试

一、实训目的

1. 理解电动机正转与反转的接线方法。
2. 识读三相笼型交流异步电动机正反转电路的工作原理图。
3. 完成三相笼型交流异步电动机正反转电路的安装、接线与调试。

二、实训器材

常用电工工具 1 套、验电笔、剥线钳、尖嘴钳；数字万用表；低压断路器 1 个，熔断器 3+2 共 2 组、交流接触器 2 个、热继电器 1 个、复合按钮 1 个（按钮数为 3 个）、12 位接线端子排 1 个、三相笼型交流异步电动机 1 台、安装网孔板 1 块、导线若干。

三、实训准备

1. 电动机正反转代表的是电动机顺时针转动和逆时针转动，电动机顺时针转动是电动机正转，电动机逆时针转动是电动机反转。根据正反转控制电路图及其原理分析，要实现电动机的正反转，只要将接至电动机三相电源进线中的任意两相对调接线，即可达到反转的目的。电动机的正反转有广泛的应用，例如开车、木工用的电刨床、台钻、刻丝机、甩干机和车床等。

2．电路图的识读。

三相笼型交流异步电动机正反转电路的电气原理图如图7-3-4所示。

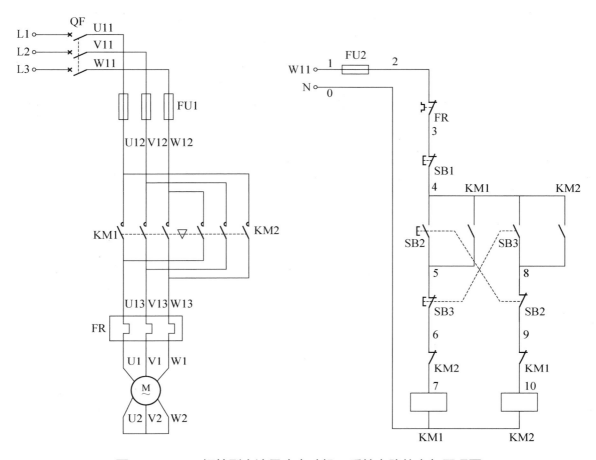

图7-3-4　三相笼型交流异步电动机正反转电路的电气原理图

3．电路工作过程。

（1）电动机正转：按下启动按钮SB2→控制电路（4-5）闭合，同时控制电路（8-9）断开→交流接触器KM1线圈（7-0）通电→交流接触器KM1动合辅助触点（自锁触点）（4-5）闭合自锁（SB2释放后交流接触器KM1线圈（7-0）仍然通电），同时交流接触器KM1动断辅助触点（9-10）断开→交流接触器KM1动合主触点闭合→电动机M通电持续正向运转。（热继电器起热保护作用。）

（2）电动机反转：按下启动按钮SB3→控制电路（4-8）闭合，同时控制电路（5-6）断开→交流接触器KM2线圈（10-0）通电→交流接触器KM2动合辅助触点（自锁触点）（4-8）闭合自锁（SB3释放后交流接触器KM2线圈（10-0）仍然通电）→交流接触器KM2动合主触点闭合→电动机M通电持续反向运转。（热继电器起热保护作用。）

（3）电动机停机：按下动断按钮SB1→控制电路分断→交流接触器KM1线圈（7-0）或KM2线圈（10-0）失电→交流接触器KM1自锁触点（4-5）或KM2自锁触点（4-8）

分断→主电路分断→电动机 M 停转。

（4）电路过载：电动机过载→FR 加热元件变形→推动 FR 动断触点（2-3）分断→交流接触器 KM1 线圈（7-0）或 KM2 线圈（10-0）分断→主电路分断→电动机 M 停转。

四、实训步骤

1．检测元器件。

正确选择元器件，将元器件型号、数量及检测结果填于表 7-3-8 内。

表 7-3-8　元器件检测记录表

序号	名称	型号	数量	外观是否完整	功能测试是否正常
1	低压断路器				
2	熔断器				
3	交流接触器				
4	热继电器				
5	复合按钮				
6	端子排				
7	电动机				

2．安装与接线。

（1）模拟接线：在图 7-3-5 所示电动机正反转电路的元器件布置图中模拟接线。

（2）元器件布局：依据图 7-3-6 所示，在控制板上进行元器件的布置与安装固定，各元器件的安装位置应整齐、匀称、间距合理，便于元器件的更换。

（3）电路接线：按安装接线图进行布线。其布线的工艺要求如下。

① 布线通道要尽可能减少。主线路、控制线路要分类清晰，尽量分开。布线顺序一般按照先控制线路，后主电路。

② 布线一般以交流接触器为中心，由里向外、由低至高，以不妨碍后续布线为原则。

③ 导线与接线端子或接线端连接时，应不压绝缘层、不反圈及不露铜过长，并做到同一元器件、同一回路的不同接点的导线均引入线槽。

④ 一个元器件接线端子上的连接导线不得超过两根。每节接线端子板上的连接导线一般只允许连接一根。

⑤ 布线时，严禁损伤线芯和导线绝缘。

⑥ 布线时，不在控制板上的元器件，要从端子排上引出。

⑦ 布线时，要确保连接牢靠，用手轻拉不会脱落或断开。

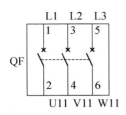
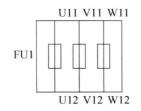
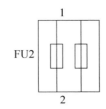

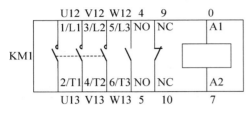
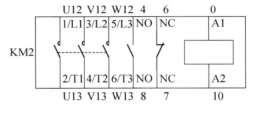

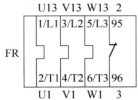
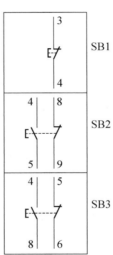

XT	L1	L2	L3	N		U1	V1	W1		3	4	5	6	8	9

图 7-3-5 三相笼型交流异步电动机正反转电路模拟接线图

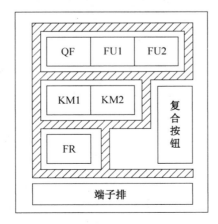

图 7-3-6 三相笼型交流异步电动机正反转电路元器件布局图

（4）检查布线。

检查布线，填写表7-3-9。

表7-3-9　布线检查表

检查方式	检查内容	检查结果（填√或×）
目测	各元器件使用是否正确	
	各元器件布置是否合理	
	各元器件安装是否牢固	
	布线是否符合工艺要求	
	安装导线数量是否正确	
	安装导线颜色使用是否正确	

（4）安装并连接电动机。

先连接电动机和按钮金属外壳的保护接地线，然后接电动机控制板外部的导线，最后连接电源。连接电源时，要保证低压断路器处在断开状态。

3．电路检测。

（1）不通电测试，填写表7-3-10、表7-3-11。

① 按电路图或接线图从电源端开始，逐段核对连线是否正确，连接点是否符合要求。注意不要有导线的线头露在外面。

② 用万用表进行检查时，应选用数字万用表的蜂鸣挡，以防错漏短路故障。检查控制电路时，可将表笔分别搭在 0、1 线端上，读数应为"∞"，按下启动按钮 SB2 或 SB3 时读数应为交流接触器 KM1 线圈或 KM2 线圈的直流电阻阻值。

③ 检查主电路时，可以用手动来代替交流接触器受电线圈励磁吸合时的情况进行检查。

表7-3-10　检查结果

检查方式	检查内容	检查结果
不通电测试（断开 QF）	检查断路器-交流接触器各相之间是否有开路	
	检查交流接触器-端子排各相之间是否有开路	
	检查端子排-电动机各相之间是否有开路	

表7-3-11　测试记录

检查电路	主电路			控制电路			
测试步骤	合上 QF，压下交流接触器 KM1、KM2 衔铁			按下 SB2	压下 KM1 衔铁	按下 SB2	压下 KM2 衔铁
	L1-U	L2-V	L3-W				
电阻值							

（2）通电测试，填写表 7-3-12。

合上断路器 QF，引入三相电源，然后操作相应按钮，观察电器动作情况。

① 按下正转启动按钮 SB2，交流接触器 KM1 线圈通电吸合，交流接触器 KM1 主触点闭合，电动机接通启动运转；松开正转启动按钮 SB2，电动机继续运转。

② 按下反转启动按钮 SB3，交流接触器 KM2 线圈通电吸合，交流接触器 KM2 主触点闭合，电动机接通启动运转；松开反转启动按钮 SB3，电动机继续运转。

③ 按下停机按钮 SB1，交流接触器 KM1 线圈或 KM2 线圈失电断开，主触点断开，电动机停止运转。

④ 电动机正常运转时，按下热继电器 FR 的测试按钮，电动机应停机，需要重新按下启动按钮 SB2 或 SB3，电动机才可以重新运转。

表 7-3-12　通电测试检查表

检查方式	测试内容	电动机运行情况
通电测试 （合上 QF）	合上 QF	
	按下 SB1	
	按住 SB2	
	松开 SB2	
	按住 SB3	
	松开 SB3	
	再次按下 SB1	
	电动机未运转时，压下 KM1、KM2 衔铁	
	电动机运转时，按下 FR 测试按钮	

（3）故障排除，填写表 7-3-13。

在操作过程中，如出现不正常现象，应立即断开电源，分析故障原因，仔细检查电路，排除电路故障，在实训教师认可的情况下才能再次通电测试。

表 7-3-13　故障排除情况记录表

故障现象	排除方法	排除结果

五、实训考试评价（见表7-3-14）

表7-3-14　实训考核评价表

评价项目		评价点与要求	配分	得分
（一）电路设计及原理说明		（1）元器件错误，每处扣1分 （2）导线没有横平竖直，每处扣1分 （3）没有实现功能，扣1～10分 （4）简述原理不正确，扣1～5分	20	
（二）仪表使用	电阻测试	（1）挡位选择错误，每处扣1分 （2）实测数据不准确，每处扣1分	5	
	电压测试	（1）挡位选择错误，每处扣1分 （2）实测数据不准确，每处扣1分 （3）仪表损坏，直接扣10分	5	
（三）电气控制接线	电路接线	（1）不按图纸要求接线，每处扣1分 （2）接线不合理、不美观，每处扣1分	25	
	电路配线	主电路、控制电路连接导线没按要求，用错颜色，每处扣1分	5	
（四）电路功能实现		（1）未能启动电动机，扣10分 （2）未能实现自锁功能，扣10分 （3）不能正常停机，扣5分 （4）方向不正确，扣5分	30	
（五）职业素养与安全		（1）没穿工作服、绝缘鞋，没戴安全帽，各扣1分 （2）工位不整洁，工具摆放不整齐，操作完成后不整理工位，各扣1分 （3）不能正确使用工具，扣1～2分 （4）操作中违反电气安全规则，扣1～2分 （5）操作中影响到他人工作，扣1～2分	10	
总　分				

 学以致用

【技能实训7-6】　用钳形电流表测量三相笼型交流异步电动机的工作电流

一、实训目的

1. 了解钳形电流表的分类、特点与结构。

2．用钳形电流表测量电动机各相的工作电流。

二、实训器材

钳形电流表，电动机控制电路。

三、实训准备

1．钳形电流表：简称钳形表，主要由电流互感器与电流表组成。电流互感器的铁芯设有活动开口，俗称钳口。搬动扳手，开启开口，嵌入被测载流导线，被测载流导线就成了电流互感器的一次绕组，互感器的二次绕组绕在铁芯上，并与电流表串联。当被测导线中有电流时，通过互感作用，二次绕组产生的感应电流流过电流表，使指针偏转，在标度尺上指示出被测导线的电流值，通过量程旋钮，可以切换钳形电流表的量程。

2．钳形电流表的结构：钳形电流表主要由钳头、功能转盘（量程旋钮）、LED 显示屏、表笔插孔等组成，如图 7-3-7 所示。

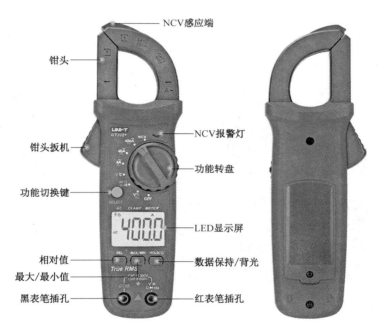

图 7-3-7　钳形电流表的结构

3．钳形电流表的操作方法。

（1）调整挡位：根据三相笼型交流异步电动机的功率，估算各相电流值。再选择钳形电流表的挡位，注意：若测量值暂不能确定，应将量程旋钮旋至最高挡，然后根据测量值的大小，变换至合适的量程。量程选择如图 7-3-8 所示。

（2）调零：用钳形电流表测量待测线路前，应先调零，防止在后续测量中造成误差。以优利德钳形电流表为例，调零方法是按下"REL"键，实现调零，如图 7-3-9 所示。

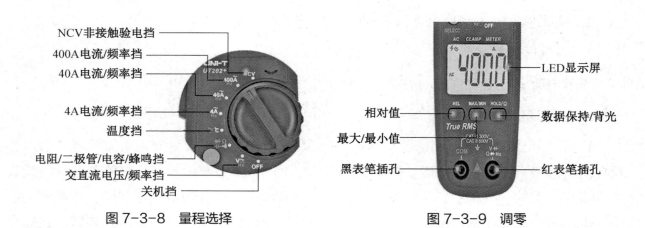

图 7-3-8 量程选择   图 7-3-9 调零

（3）测量：打开钳形电流表的钳口，将待测线路放置于钳形电流表钳口中央，将钳口闭合，如图 7-3-10 所示。观察读数，务必注意测量单位。

【注意】

① 如图 7-3-11 所示接入方法错误，这样测不出电路的消耗电流，只能测出电路的漏电流，正常情况下为零。

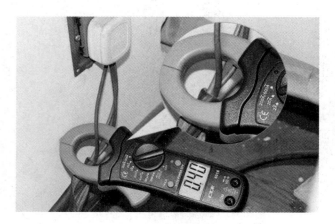

图 7-3-10 测量

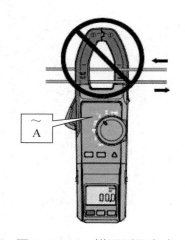

图 7-3-11 错误测量方式

② 被测电流过小时，为了得到较准确的读数，若条件允许，可将被测导线绕几圈后套进钳口进行测量。此时，钳形电流表读数除以钳口内的导线根数，即为实际电流值。

四、实训步骤

1. 观察被测电动机的功率，估计电动机各相电流的大小。

电动机功率：_____kW，估算电流：_____A。

2. 调整挡位。

选择钳形电流表挡位：_____A。

3. 实际测量：正确测量电动机各相工作电流，填写表 7-3-15。

表 7-3-15 测量电动机各相工作电流

序号	测量部位	挡位	测量值
1	电动机 U 相		
2	电动机 V 相		
3	电动机 W 相		
4	电动机 U+V 相		
5	电动机 U+W 相		
6	电动机 V+W 相		
7	电动机 U+V+W 相		

反侵权盗版声明

电子工业出版社依法对本作品享有专有出版权。任何未经权利人书面许可，复制、销售或通过信息网络传播本作品的行为；歪曲、篡改、剽窃本作品的行为，均违反《中华人民共和国著作权法》，其行为人应承担相应的民事责任和行政责任，构成犯罪的，将被依法追究刑事责任。

为了维护市场秩序，保护权利人的合法权益，我社将依法查处和打击侵权盗版的单位和个人。欢迎社会各界人士积极举报侵权盗版行为，本社将奖励举报有功人员，并保证举报人的信息不被泄露。

举报电话：（010）88254396；（010）88258888

传　　真：（010）88254397

E-mail：　dbqq@phei.com.cn

通信地址：北京市万寿路 173 信箱

　　　　　电子工业出版社总编办公室

邮　　编：100036